世界经典
科普读本

相对论

Relativity

〔美〕阿尔伯特・爱因斯坦◎著

张倩绮◎译

北京理工大学出版社
BEIJING INSTITUTE OF TECHNOLOGY PRESS

图书在版编目（CIP）数据

相对论 / (美) 阿尔伯特・爱因斯坦著 ; 张倩绮译. —北京 : 北京理工大学出版社, 2017.8（2022.3重印）

ISBN 978-7-5682-4152-6

Ⅰ. ①相… Ⅱ. ①阿… ②张… Ⅲ. ①相对论 Ⅳ. ①O412.1

中国版本图书馆CIP数据核字（2017）第130862号

出版发行 / 北京理工大学出版社有限责任公司
社　　址 / 北京市海淀区中关村南大街 5 号
邮　　编 / 100081
电　　话 / （010）68914775（总编室）
（010）82562903（教材售后服务热线）
（010）68948351（其他图书服务热线）
网　　址 / http: //www.bitpress.com.cn
经　　销 / 全国各地新华书店
印　　刷 / 三河市金泰源印务有限公司
开　　本 / 700 毫米 × 1000 毫米　1/16
印　　张 / 9
字　　数 / 101千字
版　　次 / 2017 年 8 月第 1 版　2022 年 3 月第 4 次印刷
定　　价 / 25.00元

责任编辑 / 高　芳
文案编辑 / 胡　莹
责任校对 / 孟祥敬
责任印制 / 边心超

前　言

本书的读者或许从科学和哲学的角度对相对论持有广泛的兴趣，但是对理论物理学的数学运作体系又不太熟悉。本书的目的就在于，尽可能地为你们提供一个洞察相对论的线索。要阅读这部作品的读者需要具有准大学生的受教育水平，当然，由于一些编写上的不足，在阅读过程中，你们也需要付出不少耐心并保持顽强的意志力。本书作者一直不遗余力地将主旨以最为简洁和易于理解的形式呈现给大家，同时在整体上，又将其还原到它产生的序列和关联中去。为了表达得清晰准确，我不可避免地一次又一次告诉自己，不要把注意力放在呈现形式是否雅观这上面。我一直小心谨慎地秉持着伟大的理论物理学家路德维希·玻尔兹曼的训诫，他说过，高雅这种东西是留给裁缝和鞋匠的。我承认，要理解相对论就要克服这个话题与生俱来的艰深与晦涩，我将这些困难保留给了你们。从另一方面来说，我有意以一种“养母式”的关怀对书中会出现的经验主义的物理理论基础等知识加以处理，这样对物理学不太熟悉的读者就不会成为“只见树木不见森林”的漫游者了。希望这本书能给你们带来几小时锻炼建设性思维的美好时光！

爱因斯坦

1916 年 12 月

目录

Contents

第一部分　狭义相对论

第一部分　狭义相对论

一、几何命题的物理意义

你们之中的大多数人或许曾在学生时代知道了欧几里得，也一定曾试图攀上欧几里得几何学这幢雄伟的高楼。你们或许也记得，这更多的是出于崇敬而不是热爱，你们那尽职尽责的老师在身后鞭策督促甚至追赶着你们，一层一层地，领略欧几里得几何学的精美构造。从我们以往的经验来看，当有人断定这其中的一些即使是最不着边际的命题是假命题时，你也会对他报以些许轻蔑。但当有人再反问你：“等等，你不会还坚持认为这些命题都是真命题吧？”你之前的那种高傲的态度就会瞬间烟消云散了。别急，我们再好好考虑一下这个问题。

几何学开始于“平面”“点”和“直线”这些特定概念，在这些简单概念的基础上，我们又能同其他更为抽象或更为准确的观念进行联系；凭借这些观念组成的简单命题（公理），我们开始有意去接受所谓“真理”。接着，在逻辑推理的基础上，我们被迫承认那些根据公理推导出的命题是正确无误的，这也就是说，它们已经被证实。因此，当一个命题被认为是用公认的方法从公理中推导出来的，那这个命题就是正确的（真的）。

一个几何学命题的真实性问题也因此归结为某个公理的真实性问题。现在，众所周知，最后这个问题不仅仅是几何学研究方法所无法回答的，更重要的是，这个问题本身没有任何意义。我们不能问“两点之间只有一条直线”这个说法是否正确。我们只能说，欧几里得几何学就是跟“直线”打交道的，每一条直线都因为位于直线上面的两个点而被赋予了独一无二的性质。“真实”这个概念不适用于纯几何学，因为“真实”这个词最终往往指向一个与其相对应的“真实”的物体。然而，几何学不关心概念与经验客体之间的关系，它研究的是这些概念本身的逻辑关系。

这样，我们就不难理解为什么以“真理”来定义几何学命题会让我们觉得不太舒服了。几何学的概念对应于自然界中或宽泛或精确的对象，这些物体最终无疑就是这些概念的不二之源。几何学应当摆脱这种限制，它应该将它的结构置于最大可能的逻辑集合中。例如，通过一个刚体上的两个点的位置来处理“距离”的方法，是深深地嵌入了我们的思维方式中的。因此，只要我们挑选适当的位置用一只眼睛观察，让三个点的视位置重合，我们就倾向于认定三个点在一条直线上。

根据我们一贯的思维方式，如果我们现在在欧几里得的几何学命题中增补一个简单的命题：在一个刚体上的两点永远对应同一距离，不考虑在物体位置上我们可能造成的任何改变。这样的话，欧几里得几何学命题就归结为关于各个实践上可视为刚体的所有可能相对位置的命题。[①] 几何学以此方式被补充之后即可被视作物理学的一个分支。现在，我们就可以在这

① 由此可见，自然物体与直线相关。假设 A、B、C 三点在一个刚体上。已知 A、C 两点，如果 B 点满足条件使 AB 和 BC 直线段的总和最短，那么可以确定 A、B、C 三点在同一条直线上。这个不完善的结论将会满足现有目的。

种范畴内合理地讨论欧几里得几何学命题的“真实性”问题。既然我们已经将这些几何学观念和真实的物体相联系起来，那么这么问也就合情合理了。我们可以用不太准确的话这么表达，在此意义上，我们像用标尺和圆规绘制一幢建筑那样来理解几何命题的“真实性”。

当然，在此意义上对几何学命题真实性的说法是非常独断的，也是建立在不完整经验上的。当前，我们应该假设几何学命题“真实性”的确实存在，然后，再从一个更大的格局（广义相对论原理）出发，我们就能够看出来，这种“真实性”具有非常大的局限性，我们还需要考虑这种局限性的适用范围。

点、线、面

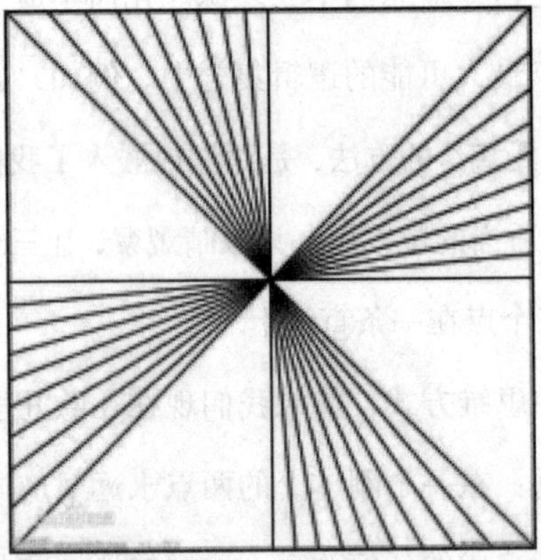

点、线、面是几何学里的概念，是平面空间的基本元素。①

① 译者注。

欧几里得和《几何原本》

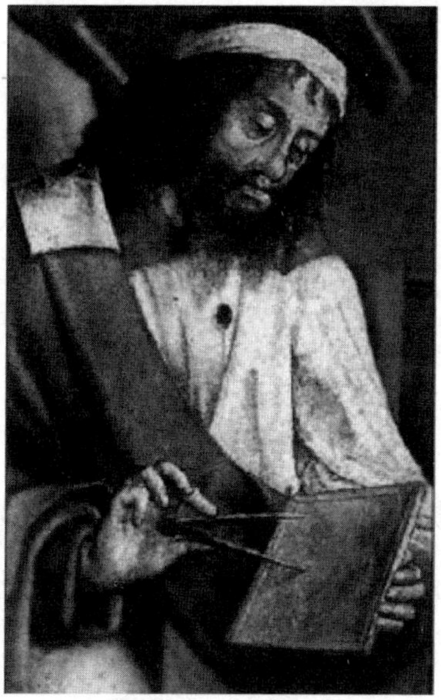

欧几里得，古希腊数学家，被称为“几何之父”。他最著名的著作《几何原本》是一部集前人思想和欧几里得个人创造性于一体的不朽之作。《几何原本》开创了古典数论的研究，在一系列公理、定义、公设的基础上，创立了欧几里得几何学体系，成为用公理化方法建立起来的数学演绎体系的最早典范。[1]

① 译者注。

二、坐标系

就像我们之前所提过的，在“距离”这个概念的物理学解释的基础上，我们可以在刚体上取两点建立这段距离的坐标以测量这段距离的长度。为了实现这个目标，我们需要一段“距离”（线段 S）以作为可永久反复使用的标准化量度。如果现在一个刚体上有 A、B 两点，我们可以通过几何学定律建立一段通过两点的直线，那么，以 A 为起点，B 点为终点，我们可以在直线上接连标注出 S 的长度，这些标准度量的数量就是 AB 之间距离的数值。这是所有长度测量的基础原理。[①]

描述一个事件的场景或者一个物体的空间位置，都基于一个为描述这个事件或物体而在刚体（参照物）上确立的点。这不仅适用于科学描述，在生活中亦是如此。假如我要观察一个具体位置“北京天安门广场”[②]，我们可以得到以下结论：地球是为这个具体位置提供参照的刚体，“北京天

① 在这里我们假设没有剩余的距离，也就是说，我们测量的结果是整数。在有余数的情况下，我们可以将标准线段分成小段进行测量，这种测量方法需要新理论的介入。

② 在原文中，爱因斯坦使用的是“柏林波茨坦广场”。在之前的授权翻译版中，这里被改成了“伦敦特拉法加广场”。美译版中改为“纽约时代广场”。因此在这里我们改为中国读者熟知的“北京天安门广场”。——译者注

安门广场”是一个清晰明确的定位，人们为这个位置冠上了名，也因此，这个名词与空间中的一个事件形成对应关系。①

这个定位的原始方法仅适用于刚体表面的位置描述，且两个刚体上的位置必须是相互明显可见的。不过，我们可以在不改变位置描述的本质的同时将我们自己从这些限制中释放出来。举个例子，如果一朵云飘在天安门广场的上空，我们可以通过云彩立一根垂直于广场的杆，这样我们就能得到这朵云在地球表面上所对应的点。这根杆的长度可以用标准量度进行测算，再加上杆底在地球表面的位置描述，我们就得到了这朵云的完整位置描述。以此为例，一个更完备的坐标概念体系就这么形成了。

（1）我们设想将用于位置描述所参照的刚体加以增补，增补后的刚体可以延伸到需要确定其位置的物体。

（2）给物体定位时，使用数字（用量杆量出来的杆子长度），而不是依靠指定的参照点。

（3）即使没有竖立高达云端的一根杆子，我们也可以得到云的高度。我们站在地面从各个角度观测这朵云，根据相应光的传播性质，我们就能够得到高达云端的杆子的长度。

从这个角度考虑，在位置描述过程中，如果能用数值测量法代替参考刚体上被标记（冠名）的位置，将会是非常有利的。笛卡尔坐标系在物理学测量方法中的运用已经实现了这一点。

① 在这里我们不展开讨论“空间中的对应关系”这种说法的意义。在实践中，这个概念自身的适用性足以确保不会发生意见分歧。

笛卡尔坐标系由三个互相垂直的平面组成，具有刚体的严格属性。在一个坐标系中，任何事件的位置都（主要）取决于其与其垂直投射到三个平面的对应点之间的距离，或者说坐标（x, y, z）。根据欧几里得几何学所主张的原理和理论，这三条垂线的长度可通过一系列刚性量度线段测量而得。

在实践中，组成坐标系的刚性平面实际上用不到；此外，坐标的数值实际上不是用刚性量杆测量得到的，而是用间接方法测得的。如果说物理学和天文学的研究结果要保持科学的准确性，那么就必须按照上述考虑来寻求位置描述的物理意义。①

我们因此得到以下结论：事件在空间中位置的每一种描述都要参照一个可以用来描述这些事件的刚体。所得出的关系是以假定欧几里得几何学定律适用于“距离”为依据，而在物理学上，“距离”习惯以一个刚体上的两个标记来表示。

笛卡尔直角坐标系

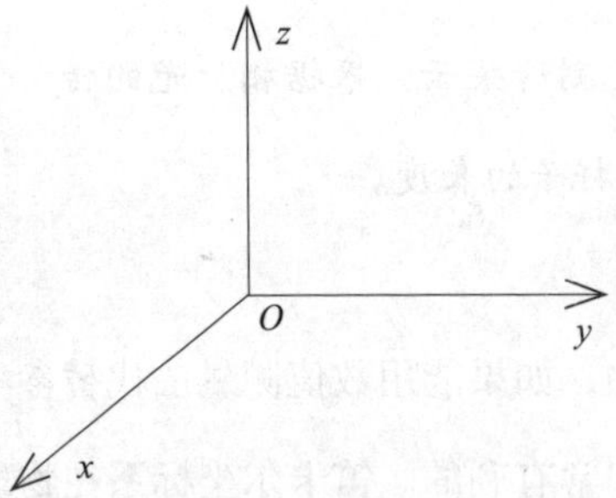

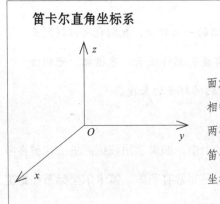

相交于原点的两条数轴，构成了平面放射坐标系。如两条数轴上的度量单位相等，则称此放射坐标系为笛卡尔坐标系。两条数轴互相垂直的笛卡尔坐标系，称为笛卡尔直角坐标系，否则称为笛卡尔斜角坐标系。②

① 当需要解决相对论的相关问题时，我们才需要对这种观点进行修正。这将会在本书的第二部分进行讨论。

② 译者注。

三、经典力学中的空间和时间

力学的目的在于描述物体如何随着“时间”的变化在一定空间内改变其位置。没有经过认真思考和细节翔实的例证就用这样一种说法解释力学的目的，我的良心是要受到力求清楚明确的精神的严厉谴责的。我们就来看看罪在何处吧。

首先，“时间”和“空间”应该如何理解，我们并不清楚。我站在一辆速度均匀行驶的火车车厢的窗前。我松开手，让一块石头自然坠落到路基上，不对其施加任何力。那么，在不考虑空气阻力影响的情况下，我所看见的石头应该是沿直线垂直坠落的。一个在公路上目睹了这种不道德行为的路人则看见石头是沿抛物线掉落至地面的。我的问题是：“在‘现实中’，石头下落的轨迹到底是直线还是抛物线？还有，此时‘空间’中的运动又具有什么意义？”从本书前面章节的讨论中我们知道，结果是不言自明的。从一开始起我们就故意回避掉了“空间”这个模糊的词语，必须认识到的是，我们没有办法对这个词语形成丝毫的概念，因此我们要用“相对于一个实际参照刚体的运动”来代替它。之前，我们已经详细描述过了与位置相对的参照物（火车车厢和路基）。如果不用“参照物”而引入“坐标系”，这样数学描述就很方便了，我们就可以说：石块对于与车厢紧密相连的坐标系而言走过了一条直线，对于与地面（路基）紧密相连的坐标系而言，石块走过了一条抛物线。借助这个例子我们可以清楚地看到，没有独立存在的轨道（按照字面意思上解释，即“路径曲线”①），只有相对于某一个特定参照系的轨道。

要完整地描述运动，我们就必须明确物体的位置如何随着时间的变化而改变，也就是说，轨道上的每一点都有一个物体运动的时间点与其对应。要使用这些数据就必须补充上对时间的定义，凭借这个定义，这些“时间价值”就能被视为本质上可被观察的尺度（测量结果）了。如果我们站在经典力学的立场上，我们就能以下列方式满足条件、证明结论。设想有两只结构相同的钟表，那个站在火车车窗前的人握着一只，在公路上的人拿着另一只。钟表每一次发出“嘀嗒”响的同时，这两个观察者记录下石头在他们各自参考系的位置。在这一点上，我们不能去考虑光的传播效率的有限性因素。要考虑这个和其他更明显的干扰的话，我们一会儿还要处理一些别的细节。

① 就是一个物体沿一段曲线运动的路径。

时间

时间是一个较为抽象的概念，是物质的运动、变化的持续性、顺序性的表现。时间是人类用以描述物质运动过程或事件发生过程的一个参数。确定时间，是靠不受外界影响的物质周期变化的规律，例如月球绕地球周期、地球绕太阳周期、地球自转周期、原子振荡周期等。大爆炸理论认为，宇宙从一个起点处开始，这也是时间的起点。[①]

① 译者注。

四、伽利略坐标系

众所周知，伽利略－牛顿力学的基本定律，也就是惯性定律，可以这么描述：当一个物体在距离其他物体足够远时，这个物体一直保持静止状态或者保持匀速直线运动状态不变。这里不仅包括了物体的运动，而且还指出了适用于力学原理的，可以在力学描述中加以应用的参照物或坐标系。目前已知的恒星的运动规律与惯性定律具有很高的相似度。现在，如果我们建立一个与地球紧密相连的坐标系，与之相对应的，每一个恒星在一个天文日内的轨迹都形成了一个有巨大半径支撑的圆形。而这个结论实际上违反了惯性定律。所以，如果要遵循惯性定律，我们就必须强调，只有当恒星运动轨迹在相对坐标系内不成圆形时，这种运动才能适用于该定律。如果一个坐标系的运动状态使得惯性定律对于这个坐标系是成立的，这个坐标系就被称为“伽利略坐标系”。而伽利略－牛顿力学的各种定律只有对于伽利略坐标系来讲才是有效的。

惯性定律

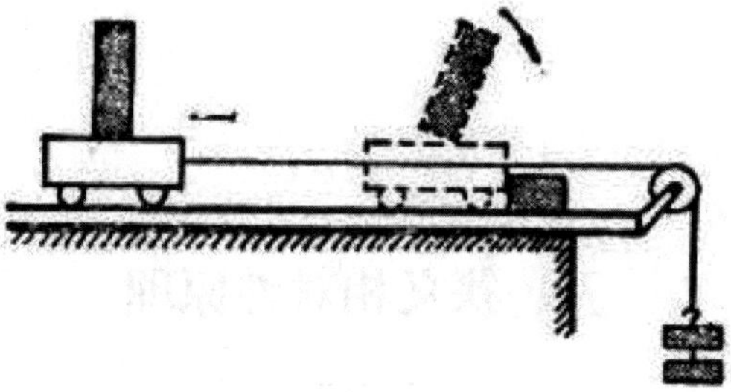

惯性定律，即牛顿第一运动定律，简称牛顿第一定律。牛顿在《自然哲学的数学原理》中的原始表述是：任何物体都要保持匀速直线运动或静止状态，直到外力迫使它改变运动状态为止。

用数学公式表示为

$$\sum_i \bar{F}_i = 0 \Rightarrow \frac{\mathrm{d}v}{\mathrm{d}t} = 0$$

式中，$\sum_i \bar{F}_i$ 为合力；v 为速度；t 为时间。[①]

① 译者注。

五、狭义相对性原理

为了在最大程度上尽可能地达到准确，让我们回到那个匀速行驶的火车车厢的例子。我们将这种运动叫匀速平移运动（“匀速”指的是其运动速度和方向保持恒定，“平移”是指车厢相对于路基的位置发生改变，但它的位置在改变的过程中没有旋转）。设想天空中有一只乌鸦飞过，从路基上对它进行观察，我们发现它正在做匀速直线运动。如果我们在移动的车厢里观察它，我们就会发现虽然乌鸦运动的速度或者方向与之前相比会有所不同，但是它仍在做匀速直线运动。从抽象层面描述，我们会说：如果质点 m 相对于一个坐标系 K 做匀速直线运动，已知另一个坐标系 K' 相对于 K 保持匀速平移运动，那么 m 相对于 K' 也在做匀速直线运动。根据之前的讨论，可得出结论：

如果 K 是一个伽利略坐标系，那么每一个相对于 K 做匀速平移运动的坐标系 K' 也是一个伽利略坐标系。适用于 K 的伽利略－牛顿力学定律同样适用于 K'。

我们现在再用更加概括性的语言来描述这个原理：如果 K' 是相对于 K

做匀速运动并且没有旋转的坐标系，那么自然现象相对于 K' 的实际演变所遵循的基本规律与其相对于 K 所遵循的基本规律是完全相同的。这就是所谓的狭义相对性原理。

一旦人们开始相信所有的自然现象都能够借助经典力学呈现出来，相对性原理的正当性就毋庸置疑了。但是鉴于电动力学和光学研究的新近发展，我们越来越明显地感受到，由于缺乏充分的依据，这样的物理定律不足以描述所有的自然现象。在这样的节点，讨论相对性原理正当性问题的时机已经成熟，我们不能排除答案可能是否定的。

即便如此，有两个普遍事实是非常有利于证明相对性原理的。即使经典力学不具有足够广泛的基础将所有物理现象在理论层面呈现出来，但因为它为我们提供了天体运动的准确的细节，我们仍然在相当大程度内赋予其真实性。因此，在力学领域中，相对性原理必须具备相当高的精确度。然而，这样广泛适用的理论在某一现象内具有非常高的准确度，但是在另一种情况下就不是那么准确了，这是一个听起来不太可能的先验命题。

现在我们开始第二个论点，这一要点我们在后面还会提及。如果狭义相对性原理不可行，那么相互之间匀速移动的伽利略坐标系 K、K'、K'' 等就无法在自然现象的描述中建立等效关系。在这种情况下，我们必须相信自然法则很容易就能被建构起来，只要满足一个条件，那就是在所有可能的伽利略坐标系中选择一个特定运动状态下的坐标系（K_0）作为我们的参照系。我们因此能够合理地（因为它具有描述自然现象的优势）将其称为“绝对静止”的坐标系，而其他所有的伽利略坐标系都是

“运动中”的。假设，我们选择了路基作为 K_0 坐标系，那么火车车厢就是一个 K 坐标系，相对于 K，K_0 适用于更简单的规则；因为 K_0 处于相对静止状态，而 K 处于（相对）运动状态。在我们参考 K 而构建的一般自然规律中，车厢行驶速度的快慢和方向不可避免地成为研究的重要因素。例如，我们可以推测，当风琴管管道放置方向与音符的流动方向相平行时产生的声音，与管道垂直于音符方向放置时所产生的声音一定是不同的。

因为地球是环绕太阳做轨道运动的，所以我们就可以将地球看作一列以每秒 30 千米的速度运行的火车。相对性原理在此时并不适用，因此我们期待地球某一秒的运动方向能够被我们采用，从而建构起自然法则，此时物体在该物理体系的行为应该依赖于相对于地球的空间方位。由于地球在一整年的圆周运行过程中，其运动速度方向始终在发生变化，因此地球一整年的运动都无法满足条件，也就无法建立假定相对静止的 K_0 坐标系。然而，即便是经过最细致的观察，我们也没有发现地球物理空间中出现了各向异性特征，也就是说，各个方向的物理非对等性。这也是支持相对性原理的一项有力论证。

牛顿

艾萨克·牛顿（1643年1月4日—1727年3月31日），爵士，英国皇家学会会长，英国著名的物理学家，百科全书式的“全才”。

牛顿在1687年发表的论文《自然定律》里，对万有引力和三大运动定律进行了描述。这些描述奠定了此后三个世纪里物理世界的科学观点，并成为了现代工程学的基础。他通过论证开普勒行星运动定律与他的引力理论间的一致性，展示了地面物体与天体的运动都遵循相同的自然定律；为太阳中心说提供了强有力的理论支持，推动了科学革命。①

① 译者注。

伽利略

伽利略·伽利莱（1564 年 2 月 15 日—1642 年 1 月 8 日），意大利数学家、物理学家、天文学家，科学革命的先驱。他首先在科学实验的基础上融会贯通了数学、物理学和天文学三门知识，扩大、加深并改变了人类对物质运动和宇宙的认识。

伽利略从实验中总结出自由落体定律、惯性定律和伽利略相对性原理等。他以系统的实验和观察推翻了纯属思辨传统的自然观，开创了以实验事实为根据并具有严密逻辑体系的近代科学。因此被誉为“近代力学之父”“现代科学之父”。其工作为牛顿的理论体系的建立奠定了基础。[①]

① 译者注。

六、经典力学中运用的速度相加定理

假设我们的老朋友火车在轨道上以匀速 v 保持运动状态，一个人在车厢里朝着火车运动的方向以速度 w 走动。那么相对于路基，这个人前进的速度 W 是多少呢？根据以下思路我们可以得到唯一的答案：如果这个人站定静止不动，那么相对于路基，他的移动速度就等同于火车移动的速度 v。然而，如果他开始走动，那么相对于车厢，他在以相同的步行速度 w 向前移动，此时，w 就是他步行前进的速度。（见第一部分第九节、第十节相关论述。——译者注）所以，这个人相对于地面路基向前移动的速度就是 $W= v+ w$。但是后面我们会看到，这个在经典力学中运用的速度相加定理本身具有其局限性。用另一种方式来说，我们刚写下来的这个公式在现实中并不适用。但是，就目前来说，我们先假定这个定律没有问题。

七、光的传播定律与相对性原理的表面抵触

在物理学中，或许没有比光的传播定律更简单的定律了。只要是上过学的人都知道，或者相信他知道，光在真空中沿直线传播，速度为 $c=3.0\times10^5$ 千米 / 秒。无论如何我们都清楚地知道，不同颜色的光的传播速度都是相同的，不然的话当一颗恒星被它附近的不发光星体遮挡形成食时，我们就无法同时观察到不同颜色光线的最细微的发射了。通过对双星（紧密相连的两颗星，可借助望远镜观察）的观察和类似的论证，荷兰天文学家德西特得出结论，光的传播速度与放射光线的物体自身的运动速度无关。有说法认为，光的传播速度与其在空间中的方向有关，这种假设实际上是自相矛盾的。

简而言之，假设那些还在上学的孩子们有充足的理由相信光线（在真空中）的传播速度 c 是恒定不变的。谁能够想象到，如此简单的定律却使那些谨慎善思的物理学家们陷入到了最难解的思维困境中。我们来看看这些难题是从何产生的。

毋庸置疑地，我们需要将光的传播过程（实际上应该是任何过程）看作一个参照刚体（在坐标系内）。在这样的坐标系中我们又一次将路基作

为参照物。我们假设上方的空气已经被抽空，这样我们就有了真空的环境。如果我们沿路基发射一道光，那么相对于路基，这条光线以速度 c 传播。假设，我们的火车仍沿轨道以速度 v 向前运动，它的运动方向与光线传播方向一致，但火车的速度当然要慢得多。我们来研究一下光线相对于火车的传播速度。很显然，这里我们可以运用到上一节的方法。光线就相当于在车厢里行走的人。那个人相对于路基的运动速度 W 在这里被光线的运动速度 c 代替。w 是要求的光线相对于车厢的速度。由此可得：

$$w = c-v$$

光线相对于火车车厢的传播速度小于 c 了。

这个结果就与第五节的相对性原理的表述冲突了。因为根据相对性原理，光的传播应该同其他自然规律一样，无论选择火车车厢还是轨道（路基）作为参照物，真空中光的传播速度都应该是一样的。但是，就我们刚才的论证来看，这是不可能的。如果任何一道光线相对于路基的传播速度都是 c，那么光线相对于车厢的传播就需要其他的定理来描述，这跟相对性原理是相抵触的。

要不就摒弃光线在真空中的传播的简单定律，要不只能放弃相对性原理，除此之外我们好像没有别的出路了。如果你们之前阅读的时候足够专注，那么现在你们一定会毫不犹豫地选择保留相对性原理，因为它看起来是如此可信，简单且自然。这样的话，光在真空中的传播定律就需要补充成为一个更复杂的定律，以符合相对性原理。然而，理论物理学的发展表明，我们不能这么想。

H·A·洛伦兹对与运动物体相关的电动力学和光学现象的理论研究具

有跨时代意义。研究表明，他在该领域的实验直接影响了电磁力现象理论，而光速恒定定律是这个理论的一个必然推论。因此，许多著名的理论物理学家此时都更倾向于放弃相对性原理，即使相对性原理从来没有与任何经验数据发生抵触。

相对论就在这个时候出现了。经过对时间和空间这两个物理概念的分析，我们能够很明显地看到，相对性原理和光的传播定律之间实际上不存在任何抵触；并且，有一个与上述两个理论紧密联系的刚性定律将会产生。这就是狭义相对论，与广义相对论相区分，我们后面会详细解释。后面几节我们会对狭义相对论的基本概念逐一进行解读。

光的传播

光在均匀介质中是沿直线传播的，但当光遇到另一介质（均匀介质）时方向会发生改变，改变后依然沿直线传播。而在非均匀介质中，光一般是按曲线传播的。[①]

① 译者注。

八、物理学的时间观

假设有一道闪电分别从距离很远的 *A*、*B* 两点击中轨道。这里我要强调一下，这两道闪电是同时发生的。那么如果我问你，这个表述有没有意义，你一定会毫不犹豫地回答："有。"但如果我要你仔细来阐释一下其中的意义，你就会发现这个问题没有第一眼看上去那么简单。

思考过一段时间后，你可能会想到："这个表述的意义本来就足够清晰明确，不需要再进行解释；当然，如果我们需要通过实践来验证这两个事件是否同时发生，这就值得深入思考了。"我并不满足于这个答案，原因如下。假设，经过一系列谨慎周全的考虑之后，一位很有智慧的气象学家发现闪电一定同时击中了 *A*、*B* 两点。那么，现在我们要面对的问题就是，这一理论结论是否符合现实情况。当提到"同时"这个概念时，我们就遇到了所有物理学陈述会遇到的难题。对于物理学家来说，除非他有可能证明一个概念能够满足某个实际案例，否则这个概念对于他来说就是不存在的。因此，我们需要给"同时性"

下一个定义，有了定义我们就可以找到解决办法，在这个问题中，气象学家就能够通过实验证明这两道闪电是否同时发生。在没能给“同时性”下一个定义之前，作为一个物理学家（当然，如果我不是物理学家也是一样的），我都要假装我能够想到可以解释“同时性”的某种意义。（我要给读者一个忠告，如果你没有完全体会到其中的意味的话，最好先不要继续阅读。）

将这件事在脑袋里来来回回整理过好几次后，你会提出一个测量“同时性”的方法。沿着轨道测量出 *AB* 之间的距离，然后让一位观察者站在 *AB* 的中点处 *M*。我们给这位观察者配置一些装置（比如说两块成 90° 放置的镜子），这样他就能够同时观察到 *A*、*B* 两点。如果他观察到两道闪电是同时发生的，那么这两道闪电就是同时发生的。

看到这个提议我很欣慰，但是我不认为这个问题就这么解决了，我必须严格地提出下面几个异议：

“如果我们能得知光线沿 $A \rightarrow M$ 和沿 $B \rightarrow M$ 的传播速度是一样的，那你给出的定义一定是正确的。但是要证明以上假设的前提是我们已经掌握了衡量时间的方法。这样的话我们也不用给‘同时性’下定义了。看起来，我们好像走进了一个逻辑的死循环。”

思考片刻之后，不知怎的，你向我抛来轻蔑的一瞥，然后断言道：

“不管怎样，我都坚持我之前的定义，因为在现实中根本没人对闪电做任何的假设。要对‘同时性’下定义只需要满足一个条件，那就是一个所有实际案例都满足的经验决策，这个经验决策能满足所有需要被定义的概念。毋庸置疑，我之前的定义是满足这个要求的。实际上，光线沿路径 $A \rightarrow M$ 和沿 $B \rightarrow M$ 传播需要相同的时间这个说法不是一个关于光线物理性质的推测或假说，而是为了得出同时性定义而凭我自己的意志对光线做出的约定。”

根据这个定义，我们不仅能够对两个事件的同时性，而且能够对我们任意选择的多个事件的同时性给出一个确切的意义，这些事件的发生地点和场景与参照系无关[①]（这里是指铁轨下的路基）。因此，我们得到了物理学中对“时间”的定义。为此，我们假设在轨道（坐标系）的 *A*、*B*、*C* 三处都放置了三个结构完全相同的钟表，他们的指针都设置在相同的位置（遵循之前的定义）。在这种情况下，我们就能够理解，所谓一个事件的“时间”就是指针在最接近事件发生的位置时的读秒（在手上）。如此一来，每一个最终能够被观察到的事件最终都与时间数值有关。

这种假设包含了一个更深远的物理假设，如果没有经验主义证据的话，这种假设的正当性是很难被推翻的。如果这些钟表结构完全相同的话，指针走动的速度也应该是完全相同的。更具体地说吧：在一个参照系内，我们把两个钟表放置在不同的位置上，保持静止的状态，如果某一特定位置的某一钟表的指针开始随着所在位置的变化而同时（遵循之前的定义）发生变化时，有同样“设置”的另一个钟表的指针也随之同时（遵照之前的定义）启动。

---

① 我们进一步假设，*A*、*B*、*C* 三个事件发生在不同的地点，已知 *A* 与 *B* 同时发生，*B* 与 *C* 同时发生（同时定义遵照上文），那么 *A*、*C* 也满足事件对于相对性的规定标准。这是一个关于光的传播的物理假设。我们在使用光在真空中的传播规律时一定要满足这个条件。

光速

光速，即光（电磁波）在真空中的传播速度。2013年光速的公认值为 c=299 792 458米/秒（精确值），一般四舍五入为 3×10^8 米/秒，是最重要的物理常数之一。

17世纪以前，天文学家和物理学家都认为光速是无限大的，宇宙恒星发出的光都在瞬时到达地球。伽利略首先对此提出怀疑，他于1607年在两山顶间做实验测光速，由于光速太大而实验装置又太简陋，未获成功。1973年美国标准局的埃文森采用激光方法利用频率和波长测定光速为（299 792 458±1.2）米/秒。经1975年第15届国际计量大会确认，上述光速作为国际推荐值使用。①

① 译者注。

九、同时性的相对性

到目前为止，我们都是以“路基”这个特定的参照物来展开我们的论述的。我们假设铁轨上有一列很长的火车，以恒定速度 v 沿图 1 所示方向移动。坐在这列火车上旅行的人们很容易就可以把火车当作一个刚性参照物（坐标系），他们参照火车来观察一切事件。我们之前相对于路基给同时性下的定义此时也能用在以火车作为参照物的事例中。然而，下述问题自然就出现了：

如果两个事件（比如说被闪电击中的 A、B 两地）相对于路基来说是同时的，那对火车来讲是不是也是同时的呢？答案必然是否定的。

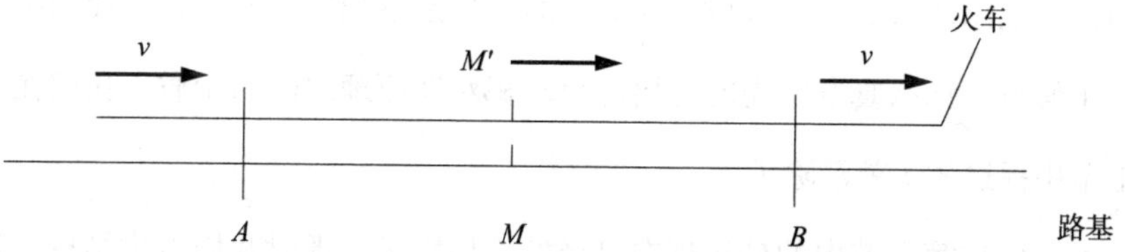

图 1

当我们说闪电是同时击中 A、B 两点时，我们的意思是：在发生闪电的 A、

B 两处发出的光会在路基 $A \rightarrow B$ 这段距离的中点 M 相遇。但是，A、B 两个事件在火车上也有对应的位置 A 和 B。我们令 M' 做火车上 $A \rightarrow B$ 这段距离的中点。当闪电发生时（这里以路基处的观察为准），点 M' 自然与点 M 重合，但是点 M' 仍以火车运动的速度 v 向图中右方移动。如果坐在火车上 M' 处的一位观察者不具有向前移动的速度，那么闪电在 A、B 两处发出的光将会同时到达他这里，也就是说，从 A、B 两点出发的光线在他所在的位置相遇。可实际上（以路基为参照系考虑），这个观察者正朝着来自 B 的光束方向加速前进，同时他先于来自 A 的光束并与 A 保持同一方向行进。所以这个观察者会先看见来自 B 的光束。把火车当作参照物的观察者就会得出以下结论，闪电 B 先于闪电 A 发生。于是我们可以得出一个重要的结论：

对于路基是同时发生的若干时刻，对于火车并不是同时发生的，反之亦然，这就是同时性的相对性。每一个参照物（坐标系）都有它自己的时间意义，如果我们在描述时间时不指明其对应的参照物，那么时间在这个事件中就是没有意义的。

在相对论出现之前，物理学中一直存在一个既定的假定命题——时间的陈述具有绝对意义，也就是说，时间的陈述与参照物的运动状态无关。但是我们刚才看到这个假设与同时性的定义是不相兼容的。如果我们抛弃这个假设，那么真空中光的传播定律与相对性原理之间的矛盾（我们在第七节中提过的）就消除了。

我们在第六节中的分析现在已经站不住脚了。那时我们得出结论：如果一个人在车厢里相对于车厢每秒走距离 w，那么他在一秒钟的时间内相对于路基也走了相同的距离。但是，如前所述，相对于车厢发生的一个特定事件所需要的时间长短完全不等同于从路基（作为参照物）上发生同一事件对于时间间隔的判断。因此，如果一个人在车厢上相对于铁路路线走距离 w 需要一秒钟，我们并不能因此判断在路基上观察这个人时，他走过距离 w 也需要一秒钟。

再者，我们在第六节中的讨论还基于另一个假设。经过严谨的思考我们可以发现，这种假设是非常武断的。然而，在我们向大家介绍相对论之前，它看起来就像是自然而成、无可挑剔的。

十、距离概念的相对性

假设火车上有两个特定的点[①]，火车以速度 v 沿铁轨行驶，求这两个点之间的距离。我们已经知道，要测量一段距离就必须要有参照物，只有确定了参照物才能得出相对距离。最简单的办法莫过于把火车本身看作参照物（坐标系）。在火车上的观察者用一根量杆沿直线（比如说，沿着火车车厢的地板）进行测量，以量杆作为基本单位一下一下地去丈量，直到他从一个点到达另一个点。量杆从一个点到另一个点需要比画的次数就是这两个点之间的距离。

但是要从铁轨上来判断这两点之间的距离的话，可能就是另一回事了。这里我们需要打开思路，用另一种方法进行思考。我们假设火车上距离很远的 A_1、B_1 两点是确定的，那么这两点以同样速度 v 沿路基向前移动。首先我们假设在一个特定的时刻 t，火车上的 A_1、B_1 两点正好通过路基上的 A、B 两点，当然这是通过路基来判断的。要确定路基上的 A、B 两点，我们需要运用到第八节中讨论过的定义时间的思维。A、B 两点间的距离就用上述

① 例如第 1 节车厢的中点和第 20 节车厢的中点。

量杆的方法沿路基测量即可得知。

我们无法预知后一次的测量所得到的数据是否与前一次的测量结果相同。因此，在路基上测量得到的火车上两点的长度可能会不同于在火车上测量得到的长度。这个情况成了我们反驳第六节相关论断的第二个依据。也就是说，如果有一个人在车厢内行走，单位时间内走过了距离 w，那么从路基上进行测量所得到的距离可能会不同于在车厢内测量所得到的距离 w。

十一、洛伦兹变换

前面三节的结论已经表明，光的传播原理与相对性定律的表面抵触实际上是由两个经典力学中不合理的假设推导出来的，这两个假设就是：

（1）两个事件之间的时间间隔（时间）与参照系运动的状态无关。

（2）一个刚体上两点的空间间隔（距离）与参照系运动的状态无关。

如果我们放弃这两个假设，那么第六节中的速度相加原理就不再成立，因此，第七节中的问题也就迎刃而解了。光在真空中的传播规律与相对性原理之间一定具有相互兼容的可能，问题就出现了：要怎样改进第六节的思路才能消除这两个基本经验结论之间的分歧呢？这就有了另一个更普遍的问题。在第六节的讨论中，我们既参照了火车又参照了路基来探讨时间与空间。那么，当我们已知一个事件的时间和空间是相对于铁轨下的路基而言的，如何能使这个事件的时间和空间同时与火车相关联呢？我们是否能想到光在真空中的传播定律中的一种性质，一种不会与相对性原理相矛盾的性质？换一句话来说：我们能否构想出一种各种事件的时间和空间相对于各个参照物的关系，这样的话就可以满足任何一道光线相对于路基和火车都有相同的传播速度 c？答案是肯定的。回答了这个问题，我们就可以得到一个描述事件时空量级的确切的定律，这个定律能够解决事件中参照物相互转换的问题。

在解决上述问题之前，我们需要向大家介绍一些需要进一步考虑的附加因素。到目前为止，我们仅仅讨论了在路基上发生的一系列事件，因为这样我们就能从数学的角度出发，将其看作一条直线进行思考。在第二节中我们说过，我们可以给参照系补充不同的侧面，这个架构由量杆构成，各个侧面相互垂直。这样的话，在任何地方发生的事件都能在这个框架内进行定位。同样地，我们可以假设火车一直以速度 v 在整个空间内穿行，所以，任何一个事件，无论它们距离多远，都能够在第二个框架内找到它们的位置。由于刚体的不可贯穿性，在现实中这些架构会一直保持一种相互干扰的状态；不过如果不犯任何根本性错误的话，我们就可以将这个情况忽略不计。在每一个框架中，我们可以画出三个相互垂直的面，我们称之为“坐标平面”（也就是“坐标系”）。坐标系 K 对应于路基，坐标系 K' 相当于火车。一个事件，无论发生在哪里，它在空间中相对于 K 的位置可以由坐标平面上的三条垂线 x, y, z 来确定，时间则由时间量值 t 来确定。相对于 K'，同一事件相对应的时间和空间则由相对应的量值 x'，y'，z'，t' 来确定。当然，这些量值与之前的 x，y，z，t 并不是完全一致的。之前我们已经详细讲过如何使用这些数值进行物理测量。

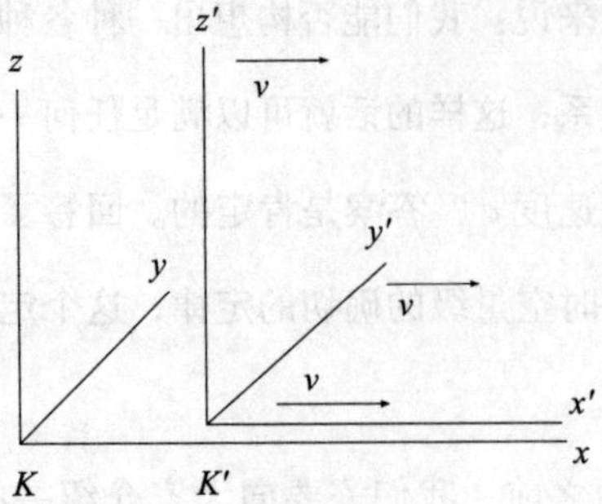

图 2

显然，我们的问题可以用以下公式来表示。假设一个事件相对于 K 的 x，y，z，t 已经确定，同一个事件相对于 K' 的量值 x'，y'，z'，t' 是什么呢？要找到两者之间的关系必须满足两个条件，一个是必须满足光在真空中的传播定律，第二个是，同一道光（当然，也是每一道光）都必须同时在相应坐标系 K 和 K' 中。如图 2 中所示的坐标系在空间的相对方位，我们可以用以下方程组来解决：

$$x' = \frac{x - vt}{\sqrt{1 - \frac{v^2}{c^2}}}$$

$$y' = y$$

$$z' = z$$

$$t' = \frac{t - \frac{v}{c^2} \cdot x}{\sqrt{1 - \frac{v^2}{c^2}}}$$

这一方程组就是著名的“洛伦兹变换”。①

① 附录一中有洛伦兹变换的简单推导过程。

如果我们不根据光的传播定律，而是根据经典力学中已经涵盖的时间和长度具有绝对性的假设来分析的话，我们得到的就会是下面的这个方程组：

$$
\begin{aligned}
x' &= x - vt \\
y' &= y \\
z' &= z \\
t' &= t
\end{aligned}
$$

这个方程组就是我们常说的“伽利略变换”。在洛伦兹变换方程中，我们如果以无穷大值替换光速 c，就可以得到伽利略变换方程。

通过下面的变化我们可以容易地看到，根据洛伦兹变换，无论对于参照系 K 还是对于参照系 K'，光在真空中的传播定律都是可以被满足的。沿正向 x 轴发射一个光信号，这个光刺激按照下列方程前进：

$$x=ct$$

即以光速 c 前进。根据洛伦兹变换方程，x 和 t 之间的简单关系中也包含了 x' 和 t' 之间的关系。事实也正是如此：我们如果把 ct 替代 x 代入第一个和第四个洛伦兹变换方程，就可以得到：

$$x' = \frac{(c-v)t}{\sqrt{1-\frac{v^2}{c^2}}}$$

$$t' = \frac{\left(1-\frac{v}{c}\right)t}{\sqrt{1-\frac{v^2}{c^2}}}$$

两个方程式相除，就直接得到：

$$x' = ct'$$

参照坐标系 K'，光的传播应当按照这个方程式进行。由此我们看到，光相对于参照系 K' 的传播速度同样等于 c。对于沿着其他任何方向传播的光线，我们也可以得到同样的结论。当然这并不意外，因为洛伦兹变换就是从这一点推导出来的。

H·A·洛伦兹

H·A·洛伦兹（1843—1928 年），荷兰物理学家、数学家。1904 年，洛伦兹证明，当把麦克斯韦的电磁场方程组用伽利略变换从一个参考系变换到另一个参考系时，真空中的光速将不是一个不变的量，从而导致对不同惯性系的观察者来说，麦克斯韦方程及各种电磁效应可能是不同的。为了解决这个问题，洛伦兹提出了另一种变换公式，即洛伦兹变换。用洛伦兹变换，将使麦克斯韦方程从一个惯性系变换到另一个惯性系时保持不变。①

① 译者注。

十二、量杆和时钟在运动中的行为

我将一根以米为单位的量杆放在参照系 K' 的 x' 轴上，量杆的一端（起点）与点 $x' = 0$ 重合，另一端（终点）与点 $x' = 1$ 重合。这根以米为单位的量杆相对于参照系 K 的长度是多少呢？要解答这个问题，我们只需要知道在参照系 K 的某一特定时刻 t，量杆的起点和终点分别在参照系 K 的什么位置。通过洛伦兹变换的第一道方程式，当 t=0 时，这两个点可以表示为：

$$x\text{（量杆起点）}=0\sqrt{1-\frac{v^2}{c^2}}$$

$$x\text{（量杆终点）}=1\sqrt{1-\frac{v^2}{c^2}}$$

因此，两个点之间的距离就是 $\sqrt{1-\frac{v^2}{c^2}}$。但是，这根以米为单位的量杆正以速度 v 相对于 K 移动。由此可知，沿着自身长度方向以速度 v 运动的量杆长度是 $\sqrt{1-v^2/c^2}$ 米。这根刚性量杆在长度方向上运动时比其静止时要短，且运动得越快，量杆的长度就越短。如果使速度 $v=c$，我们就会得到 $\sqrt{1-v^2/c^2}=0$，如果速度超过光速 c，那么平方根内的数就变为虚数了。由此我们可以得出，在相对性原理中，光速 c 充当着限定最高速度的角色，光速不可被任何实体接近或超过。

当然了，光速 c 作为限定最高速度的这个属性同样符合洛伦兹变换公式，因为如果我们假设速度 v 超过光速 c，整个等式就没有意义了。

相反地，如果我们假设量杆在参照系 K 中的 x 轴上处于静止状态，那么我们可以求得这根量杆相对于参照系 K' 的长度是 $\sqrt{1-v^2/c^2}$。这也符合我们这些讨论的基本原理——相对性原理。

从先验的角度出发，可以确定的是，我们必须能够从洛伦兹变换中学到一些关于量杆和时钟的物理行为知识，因为 x，y，z，t 的大小恰恰就是在测量量杆和时钟中得到的。如果我们在伽利略变换的基础上进行讨论，那样就根本无法得到一个反映量杆运动结果的简化方程式。

我们再来假设，有一只秒表永远位于参照系 K' 的起点处（$x'=0$）。$t'=0$ 和 $t'=1$ 是秒表上连续的两次“嘀嗒声”以作时间标记。将这两个时间点代入洛伦兹变换的第一和第四个方程可以得到：

$$t=0$$

和

$$t=\frac{1}{\sqrt{1-\frac{v^2}{c^2}}}$$

相对于参照系 K，钟表以速度 v 在移动，且两个“嘀嗒声”之间的时间间隔不是 1 秒，而是$\frac{1}{\sqrt{1-\frac{v^2}{c^2}}}$秒，不知怎的，这个时间要大于之前的 1 秒。钟表运动所得出的结果说明，运动中的钟比静止的钟走得慢。同样地，光速 c 在此处也扮演一个不可达到的限定速度的角色。

钟慢尺缩

1. 钟慢效应

钟慢效应，即时间膨胀。狭义相对论预言，运动时钟的“指针”行走的速率比时钟静止时的速率慢，这就是时钟变慢或时间膨胀。时间膨胀表明了时间的相对性。

2. 尺缩效应

尺缩效应，即长度收缩效应，是相对论效应之一。一根静止长杆的长度可以用标准尺子进行测量。狭义相对论预言，沿杆子方向运动的杆子的长度比它静止时的长度短。此效应表明了空间的相对性。[①]

① 译者注。

十三、速度相加定理：斐索实验

在实践过程中，我们的量杆和时钟移动的速度与光速相比简直是微不足道，因此，我们很难将前面所讨论的结论与现实建立直接的联系。但是，从另一方面来说，正因为这些结论是如此简洁而明确，他们才会让你感到震惊；也正因为如此，我现在要从这个理论中得出另一个结论，一个很容易就能从前面的思考中产生的结论，也是一个已经被实验证实最没有瑕疵的结论。

在第六节中，我们从速度相加定理中衍生出了一些结论，当然，这些结论在形式上也可以从经典力学的假说中推理出。我们同样可以很容易地从伽利略变换中推导出这个原理（第十一节）。针对这一问题，我们需要将一个质点引入坐标系 K' 来代替之前在车厢内走路的人，由此可得下列等式：

$$x' = wt'$$

通过伽利略变换的第一和第四个方程式，我们可以用 x 和 t 来表示 x'

和 t'，由此可得：

$$x=(v+w)t$$

这个等式无疑是在描述一个点相对于参照系 K（也就是车厢里的那个人相对于路基）的运动规律。我们现在用 W 来指代这个问题中的速度，跟第六节一样，我们于是得到：

$$W=v+w \tag{A}$$

在相对性原理的基础上我们同样可以进行推理，在下列等式中

$$x'=wt'$$

我们同样需要用 x 和 t 来表示 x' 和 t'。通过运用洛伦兹变换中的第一和第四个等式，我们会得到与等式（A）不同的方程式：

$$W=\frac{v+w}{1+\frac{vw}{c^2}} \tag{B}$$

根据相对性原理，该方程式符合同一方向的速度相加定理。现在的问题是，这两个等式中哪一个更符合我们的经验认知。在这一点上，我深受伟大的物理学家斐索的一个非常重要的实验的启发，这个实验是半个世纪以前做的，之后也一直被无数优秀的实验物理学家所效仿，因此不必再去质疑这个实验结论的真实性。这个实验涉及以下几个问题。假设光线在静止的液体中以特定速度 w 进行传播，当管道 T 中的液体以速度 v 沿箭头方向移动时（见图 3 所示），光线在管道 T 中沿箭头方向传

播的速度是多少呢？

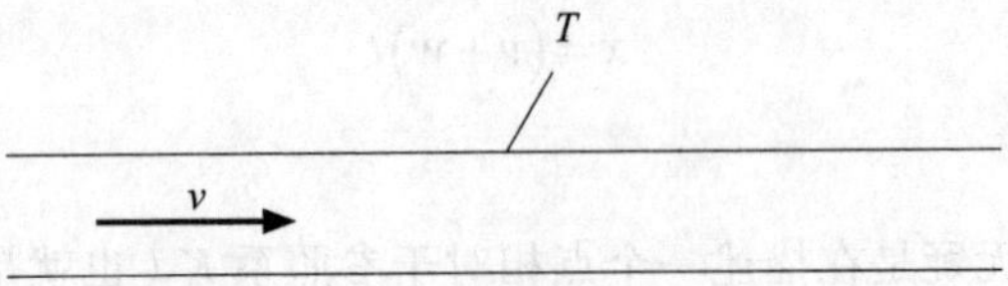

图 3

根据相对性原理，我们应当理所当然地认为，无论液体对于其他参照物是处于运动状态或静止状态，光线相对于液体的传播速度保持 w 不变。已经知道了光线相对于液体的传播速度和管道中液体相对于管道的移动速度，我们现在需要求的就是光线相对于管道的传播速度了。

现在在我们面前的又是第六节中出现的问题了。管道就相当于轨道路基的角色，也就是坐标系 K；液体就相当于火车车厢的角色，也就是坐标系 K'；光线相当于在车厢中走路的人，也就是本节中所说的动点。如果我们用 W 表示光相对于管道的传播速度，那么我们可以直接得到关于 W 的等式（A）和（B），两个等式分别由伽利略变换和洛伦兹变换推导而得。斐索实验①倾向于通过相对性原理演化而得的方程（B），原因在于——准确。

根据荷兰物理学家泽曼发明的最前沿的测量方法，用等式（B）可以求出水流的流动速度 v 对光的传播的影响不超过 1%。

然而我们需要注意的是，早在相对性原理出现之前，H · A · 洛伦兹早已为这种现象找到一个合理的理论解释了。该理论纯粹属于电动力学范畴，

① 斐索发现 $W = w + v\left(1 - \frac{1}{n^2}\right)$，其中 $n = \frac{c}{w}$ 表示液体的折射率。从另一方面来看，由于 $\frac{vw}{c^2}$ 远小于 1，我们可以先用等式 $W = (w+v)\left(1 - \frac{vw}{c^2}\right)$ 代替等式（B），或者以近似规则用 $w + v\left(1 - \frac{1}{n^2}\right)$ 替代之，得到的结果也同样符合斐索的结论。

是从电磁结构物质的特定假设中产生的。然而，这个现象丝毫没有削弱该实验作为支持相对性原理的证据的有效性。因为作为该理论的基本原理，麦克斯韦－洛伦兹的电动力学与相对性原理完全不矛盾。从前互不相关的两个原理，现在紧密相连。以更确切的角度说，相对性原理就建立在电动力学的一系列简单假设的归纳与结合之上，而电动力学也在此基础上正式确立。

斐索测量光速的实验

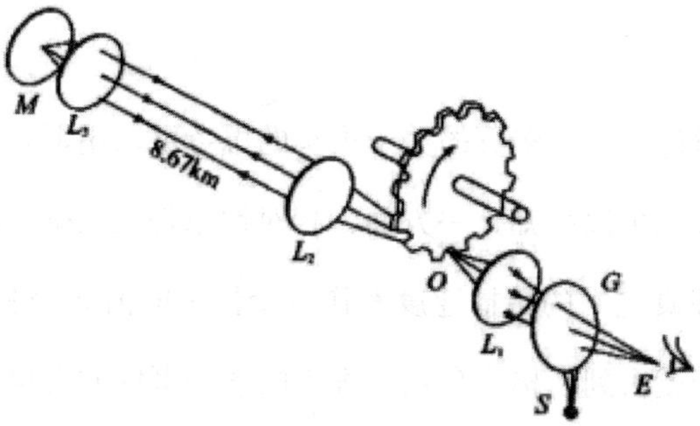

斐索 1849 年发表了题为“关于光传播速度的一次实验”的论文。他采用旋转齿轮的方法来测量光速，试验装置如图所示。图中光源 S 发出的光束在半镀银的镜子 G 上反射，经透镜 L_1 聚焦到 O 点，从 O 点发出的光束再经透镜 L_2 变成平行光束。经过 8.67 千米后通过透镜 L_3 聚焦到镜子 M 上，再由 M 返回原光路达 G 后进入观测者的眼睛。至于 O 点的齿轮旋转时把光束切割成许多短脉冲，他用的齿轮有 720 个齿，转速为 25 转 / 秒时达到最大光强，这相当于每个光脉冲往返所需时间为 1/18 000 秒，往返距离为 17.34 千米。由此可得 c=312 000 千米 / 秒。实际上，经过 28 次观察和测量，斐索得到光速的平均值为 70 948 里格 / 秒（“里格”为长度单位，1 里格等于 3 英里，或 4 828.032 米），相当于 342 539.21 千米 / 秒。这个数值与当时天文学家公认的光速值相差甚小。[①]

① 译者注。

十四、相对论的启发价值

前面我们讨论了那么多页的关于火车的思考可以用下列文字简单地概括。根据经验我们可以得知，一方面，相对性原理是正确的；另一方面，我们必须把光在真空中的传播速度看作一个恒定的值 c。将以上两个基本条件结合，我们就得到了构成自然进程中的各种事件的直角坐标系 x，y，z 和时间 t 在变量上的变换定律。与经典力学不同的是，从这种关联中我们得到的将是洛伦兹变换，而不是伽利略变换。

光的传播定律在我们认识世界、获得实际知识的过程中起到很大的作用，我们有充分的理由去接受它。既然我们已经得到了洛伦兹变换，我们就可以将其和相对性原理相结合，这个新的理论可以被总结为：

自然界的每一个普遍定律的建立必须符合以下条件：当我们引入新的坐标系 K' 的时空变量 x', y', z', t' 来替代原有的坐标系 K 的时空变量 x, y, z, t 时，该定律的形式不发生改变。这里，那些原始的和后来加速后的量级之间的关系是由洛伦兹变换决定的。或者简而言之，自然界的普遍规律根据洛伦兹变换发生协变。

这是相对论对自然定律所要求的一个明确的数学条件。因此，相对论在我们探索自然界的普遍定律的过程中具有非常宝贵的启发价值。如果我们发现有一条自然界的普遍定律不符合上述条件的话，就证明相对论两个基本假定中至少有一个是不正确的。我们现在就来检验一下迄今为止相对论得出了哪些具有普遍性的结论。

十五、狭义相对论的普遍性结论

在前面，我们已经清楚地说明了狭义相对论是如何从电动力学和光学中发展出来的。在这两个领域中，狭义相对论对理论的预测并没有发生太大的变动，但其理论结构却被大大简化了，也就是说，公式定律的推导及派生被大大简化，更重要的是，构成理论基础的独立假设的数量大大地减少了。狭义相对论使得麦克斯韦–洛伦兹理论看起来好像很合理，以至于即使实验结果没有对理论提供明确的支持，物理学家们还是普遍地接受了它们。

经典力学还需要做出一些调整才能与狭义相对论的要求保持一致。从主体上来看，这种修改只会影响到狭义相对论对高速运动行为的适用效力。所谓高速运动就是指某一物体的移动速度 v 接近于光速。从我们的经验来看，这种高速运动的例子只发生在电子和离子上；其他从经典力学定律中得到的结果与相对论相差极小，以至于我们极难观察到它们。在进入广义相对论的讨论之前，我们先不考虑行星运动的例子。从相对论的角度来看，质量为 m 的质点的动能不再由众所周知的公式

$$m\frac{v^2}{2}$$

来表达，而是

$$\frac{mc^2}{\sqrt{1-\frac{v^2}{c^2}}}$$

随着速度 v 逐渐接近于光速 c，这个表达式的结果趋近于正无穷。无论一个物质如何加快速度以提高能量，它的速度一定也必须小于光速 c。如果我们再完善一下这个表达式，让它以级数的形式来描述动能，那就是：

$$mc^2+m\frac{v^2}{2}+\frac{3}{8}m\frac{v^4}{c^2}+\cdots$$

当 $\frac{v^2}{c^2}$ 与整体相比较小时，表达式的第三项就永远比第二项要小，最后剩下的部分就可以用经典力学的方法进行考量。表达式的第一项 mc^2 不包括速度这个变量，因此如果我们仅仅须解决一个质点的能量与其速度的关系时，我们就不用考虑第一项了。我们稍后再讲解这一部分的关键性意义。

狭义相对论得出的最重要的一个普遍性结论就是质量的概念。在相对论出现之前，物理学承认两条基本守恒律的重要性，也就是能量守恒定律和质量守恒定律，这两条基本定律看起来好像互不关联。相对论让它们结合起来，最终成为一条定律。接下来我们要来说说这种结合是如何产生的，它的意义又在何处。

相对论要求能量守恒定律不仅对参照系 K 适用，也要对相对于参照系 K 做匀速运动转换的任何参照系 K' 适用，简言之，就是对任何伽利略坐标系适用。不同于经典力学，洛伦兹变换是这种参照系之间相互转换的决定性因素。

经过一些简单的思考，再结合麦克斯韦电动力学的基本方程，我们可以从这些前提条件中得到以下结论：一个以速度为 v 运动的物体，在运动过程中它以辐射的形式吸收一定的能量 $E_0$①而其速度不会受到影响，这个物体获得的能量为：

$$\frac{E_0}{\sqrt{1-\frac{v^2}{c^2}}}$$

根据上面的求物体动能的表达式，这个物体总的要求的能量就是：

$$\frac{\left(m+\frac{E_0}{c^2}\right)c^2}{\sqrt{1-\frac{v^2}{c^2}}}$$

于是，该物体具有的能量就等同于一个质量为 $\left(m+\frac{E_0}{c^2}\right)$ 的物体以速度 v 移动所具有的能量。因此我们可以说：如果一个物体吸收了数量为 E_0 的

① E_0 即为被吸收的能量，该概念以与物体一同移动的坐标系为准进行考虑。

能量，那么它的惯性质量就增加$\frac{E_0}{c^2}$。一个物体的惯性质量不是恒定不变的，它随物体总能量的改变而改变。一个物质系统内的惯性质量是衡量其能量的一个标准。一个系统内的质量守恒定律与能量守恒定律是一样的，不过，这只有在系统不吸收也不释放任何能量的情况下才成立。此时，物质的能量可以表达为：

$$\frac{mc^2+E_0}{\sqrt{1-\frac{v^2}{c^2}}}$$

现在，mc^2 这一项值吸引了我们的注意力，而它不过是吸收能量 E_0 之前的物体的能量值罢了。

目前（1920 年），我们无法从实验中分析对比这种关系前后的变化，因为物体在惯性质量系统内能量 E_0 的改变不够大，所以我们无法观察到这种变化。跟能量变化前存在的质量 m 相比，$\frac{E_0}{c^2}$ 实在太小了。因此，经典力学才能将质量守恒确立为独立有效的定律。

让我再在基本性质这里加上最后一点。法拉第 – 麦克斯韦成功解释电磁超距作用其实是因为物理学家们开始相信，世界上根本没有像牛顿的万有引力那样的远距离同时性运动（除非有中间介质参与）。根据相对性原理，光速传播的超距作用经常代替同时超距作用，或者代替以无限大速度传播的超距作用。这也说明了光速 c 在相对性原理中起着重要作用。在第二部分中我们可以看到在广义相对论中这个结果又会发生什么样的变化。

麦克斯韦方程组

麦克斯韦方程组是英国物理学家詹姆斯·麦克斯韦在19世纪建立的一组描述电场、磁场与电荷密度、电流密度之间关系的偏微分方程。它由四个方程组成：描述电荷如何产生电场的高斯定律、论述磁单极子不存在的高斯磁定律、描述电流和时变电场怎样产生磁场的麦克斯韦－安培定律、描述时变磁场如何产生电场的法拉第感应定律。

从麦克斯韦方程组，可以推论出电磁波在真空中以光速传播，进而做出光是电磁波的猜想。麦克斯韦方程组和洛伦兹力方程是经典电磁学的基础方程。①

① 译者注。

十六、经验和狭义相对论

经验对狭义相对论能够支持到什么程度？这个问题很难回答，原因我们已经在斐索基本实验的相关章节提到过了。狭义相对论是从麦克斯韦－洛伦兹的电磁现象理论中提炼出来的。因此，所有支持电磁理论的经验事实也都能够支持相对性原理。在这里我要多提一句相对性原理的特殊意义：它使我们能够成功预测来自遥远的恒星的光线对我们会产生什么影响。我们已知地球相对于恒星处于相对运动状态，而这种影响又是和经验紧密联系在一起的，因此我们很容易就可以得到这些结论。我们认为恒星视位形成以年为周期的运动就是地球绕太阳运动（光行差）造成的，而恒星对地球做相对运动的径向分量的影响要归结于恒星向地球发出的光的颜色。通过将从恒星发出的光谱线与地球自身发出的相同的光谱线的位置作对比，这种现象本身就证明了从恒星发出的光谱线的位置与在地球上的光源所产生的相同的光谱线的位置存在一些细微的差别（多普勒效应）。倾向于麦克斯韦－洛伦兹理论的经验争论，也就是那些支持相对性原理的争论，数量过于庞大，我们在这里就不一一列举了。在现实中，他们将理论可能性控制在这样一个范围内——除了麦克斯韦－洛伦兹理论，没有其他任何一个理论能够经受住经验的检验。

但是现在有两类实验事实只有在引进一个辅助假设后才能用麦克斯韦－洛伦兹理论来表达，而这个辅助假设本身（也就是不引用相对论）是与麦克斯韦－洛伦兹理论不相干的。

众所周知，阴极射线和所谓的 β 射线都是由负极带电粒子组成的放射性物质发出的，这些负极带电粒子惯性很小，但速度极快。通过检测这些射线在电场和磁场中发生的偏斜我们就可以准确掌握这些粒子的运动规律。

在给这些电子进行理论化处理的过程中，我们遇到一个困难，那就是电动力学理论无法对它们的性质做出界定。由于电子质之间同性相斥的原理，负极电子质在组成电子的过程中必然会被它们之间的排斥力所分离，除非在它们之间有其他作用力的参与。所以，目前我们对它们的性质的理解还处于一个相当模糊的阶段。[①] 如果我们假设构成电子的电子质之间的相对距离在电子运动时保持不变（经典力学意义上的刚性联系），我们所得出的电子运动规律是不符合经验的。H·A·洛伦兹是第一个从纯粹形式的角度提出假设的人，他认为电子运动时在其运动方向将发生收缩，收缩的长度与 $\sqrt{1-\frac{v^2}{c^2}}$ 成比例。这个没有被任何电动力事实证明的假说为我们提供了一条特殊的运动定律，近年来，该定律已经被证明具有很高的准确性。

① 广义相对论对其做出的解释是，一个电子内的电子质受到地球引力的作用相互结合。

根据相对性原理，我们不用对电子的结构和行为做出其他任何假设，也能够得出相同的定律。相同的情况也发生在第十三节斐索实验的部分，我们不用根据液体的性质做出任何假设，仅仅通过相对性原理就得出了相同的结果。

我们在地球上做的实验是否能还原地球在宇宙空间中的运动？我们刚刚提到的第二类事实已经涉及了这个问题。就像在第五节中提到的，我们对自然界所做的任何尝试得到的或许都会是一个否定的结论。在相对性原理被提出以前，我们很难调和这些否定的结论，为什么呢？伽利略变换就是运动中的物体在各个参照系之间相互转换的黄金法则，这是由人们对时间和空间概念固有的偏见所决定的，不容受到任何的质疑。假设麦克斯韦－洛伦兹等式适用于参照系 K，再假设参照系 K 与同 K 保持匀速运动的参照系 K' 之间存在伽利略变换的关系，我们会发现麦克斯韦－洛伦兹等式并不适用于参照系 K'。由此可知，在特定的运动状态下，伽利略坐标系中的任何一个坐标系（K）在物理意义上都是唯一的。在物理学上，这个结论可以被解释为，K 相对于空间中假定概念“以太”处于完全静止状态。另一方面，所有相对于 K 做匀速运动的坐标系 K' 相对于以太都处于运动状态。K' 相对于以太所做的运动（相对于 K' 的以太漂移）应该被归类于一项更复杂的定律，该定律适用于 K'。严格地说，我们也应该假设以太漂移是相对于地球而言的，多年以来，物理学家们耗费了大量的精力就是为了发现以太漂移在地球表面存在的证据。

在这些最为著名的尝试中，迈克尔孙设计出了一个看似很有效的方法。假设两面镜子被安置在一个刚体上，一个镜面反射出的镜像面对着另一个。如果整个系统相对于以太处于静止状态的话，一道光线会在一段时

间 T 内，分秒不误地从一面镜子到达另一面镜子再反射回来。然而，通过计算我们发现，如果一个物体连同镜子都相对于以太保持运动状态，这个光线的传播过程就需要经过另一段时间 T'。还有另一种观点：计算也表明，已知物体相对于以太以相同速度 v 在运动，当它沿镜面垂直方向运动时，所需时间 T' 不同于该物体沿镜面平行方向所需要的时间。尽管我们推测这两个时间值之差非常非常微小，但迈克尔孙和莫雷进行了一项非常精确的实验，他们在实验中设置了一个干扰项，这个干扰项可以很精准地测量出时间之间细微的差别。但是实验得出了一个完全相反的结论——一个令物理学家们费解的事实。洛伦兹和菲茨杰拉德将该理论从困境中解救了出来，他们假设物体相对于以太的运动造成了物体在运动方向上的收缩，收缩量刚好补偿了时间差。对比第十二节中的讨论我们也可以发现，从相对性原理的立场上看，这个解释无疑是正确的。不过如果是在相对性原理的基础上来做解释就更加完美了。根据相对性原理，在引入以太这个概念时就不该假设那些受到“特殊照顾”（具有特殊性）的坐标系，因此也就不会有以太漂移，或者任何去证实以太漂移的实验了。在这里，运动物体的收缩遵循相对性原理的两条基本原则，无须再做特殊的假设；虽然我们在这种收缩中发现了中素因子存在，但我们不能赋予其任何意义，这不过是我们在特定相关情况下选取的一个相对于参照系的运动而已。因此，对于一个随地球运动的坐标系而言，迈克尔孙和莫雷的镜面系统保持原貌；而对于相对于太阳保持相对静止状态的坐标系而言，他们的镜面系统将可以被大大简化。

以太

以太是古希腊哲学家亚里士多德所设想的一种物质。19世纪的物理学家认为它是一种曾被假想的电磁波的传播介质。但后来的实验和理论表明，如果假定“以太”不存在，很多物理现象可以有更为简单的解释。也就是说，没有任何观测证据表明“以太”的存在，也没有任何观测证据表明“以太”的不存在。[①]

① 译者注。

迈克尔孙－莫雷实验

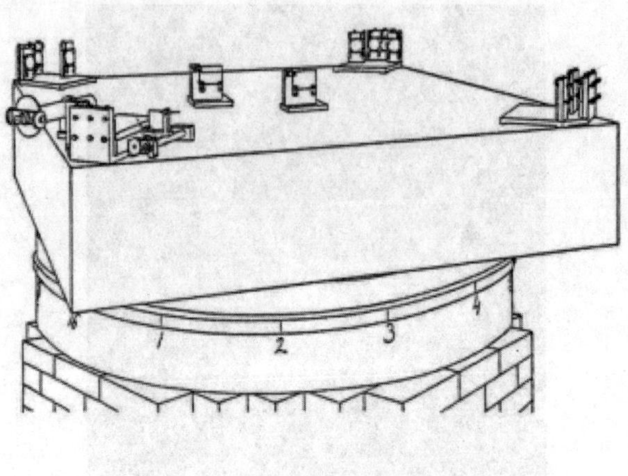

迈克尔孙—莫雷实验，是1887年迈克尔孙和莫雷在美国克利夫兰做的用迈克尔孙干涉仪测量两垂直光的光速差值的一项著名的物理实验。但结果证明光速在不同惯性系和不同方向上都是相同的，由此否认了以太（绝对静止参考系）的存在，从而动摇了经典物理学基础，成为近代物理学的一个发端，在物理学发展史上占有十分重要的地位。[①]

① 译者注。

十七、闵可夫斯基的四维空间

当一个不是数学家的人听到“四维”这个词时，他一定会战栗不止，这种感觉是神秘学无法唤起的。然而，要让我们描述这个世界时，已经没有比“我们生活的世界是一个四维时空连续介质”更通俗的话语了。

空间是一个三维连续介质。这句话的意思是我们可以通过坐标系里的三个数字 x，y，z 来描述一个点（处于静止状态）的位置。在这个点的周围我们可以找到无数个点，它们都能由坐标系内的 x_1，y_1，z_1 所表示。根据我们所选择的坐标系的位置，这些点可能与第一个点的坐标 x，y，z 无限接近。根据后者的这种特殊性质我们把这叫作“连续介质”，又因为我们刚刚提到的坐标系有三个方向，我们就称之为“三维”。

相似地，这个被闵可夫斯基简单地称为“世界”的物理现象领域在时空意义上是自然的“四维”状态。因为每一个个体事件都可以用四个数字来表达，那就是三个空间坐标 x，y，z 和一个时间坐标（时间量值 t）。在此意义上，“世界”依旧是一个连续介质。因为每一个时间周围都有无数个可选择的“相邻”事件（我们可以发现的，或者至少是想得到的），

这些事件的坐标 $x1$，$y1$，$z1$，$t1$ 与最初选取的 x，y，z，t 或多或少都有差别。我们目前还没有习惯把世界看作一个四维连续介质，是因为在相对性原理出现之前，时间这个概念不同于空间坐标，并且时间在整体上扮演了更加重要的角色。因此，我们更习惯于将时间看作一个独立的连续介质。事实上，根据经典力学，时间是绝对的，也就是说，时间与方位以及坐标系运动的状态无关。伽利略变换的最后一个等式中就有这种表述（$t' = t$）。

在相对性原理看来，以四维的模式来观察“世界”是很自然的，因为我们可以从相对性原理中看到，时间的独立性被剥夺了。这是由洛伦兹变换中的第四个方程变换而得的：

$$t' = \frac{t - \frac{v}{c^2}x}{\sqrt{1 - \frac{v^2}{c^2}}}$$

再者，从这个等式中可以得出，即便是两个事件相对于 K 的时差 Δt 消失了，这两个事件相对于 K' 的时差 $\Delta t'$ 一般来说都不会消失。两个事件相对于 K 纯粹的“空间距离”会导致相同事件相对于 K' 的“时间距离”。闵可夫斯基的发现对于相对性原理的正式确立及发展具有重要作用，但其意义并不在此。这种意义是他自己都不可想象的。我们发现，相对性原理的四维时空连续介质从其最本质而有条理的性质上，与欧几里得几何空间理论的三维连续介质具有显著的关联。[①] 为了表现出这种关联的重大意义，我们必须把常规的时间坐标 t 换作一个假想的与 t 等比的量级 $\sqrt{-1}\cdot ct$。补充了这些条件之后，自然定律就满足了（狭义）相对论要求的假定数学形式，这时，时间坐标就起到和其他三个空间坐标完全相同的作用了。用更加正规的语言来表述就是，这四个坐标单位与欧几里得几何学中的三个空间坐标完全对应起来了。即便你不是一位数学家，也应当明白：我们不必再去质疑该理论的准确性。

这些非常不充分的讨论只能让读者对闵可夫斯基的贡献有一个粗略的印象。如果没有闵可夫斯基的发现，我们接下来将要讲到的广义相对论的基本概念可能就没什么意义。如果你没有数学方面的专业背景，你就不能完全了解闵可夫斯基的贡献。不过，只要截取闵可夫斯基的理论体系的片段，就足以理解广义和狭义相对论的基本理念，因此我们在这里就不做详细展开了，会在第二部分的结尾重提此要点。

① 在附录二中可查看更完整的研究。

连续介质

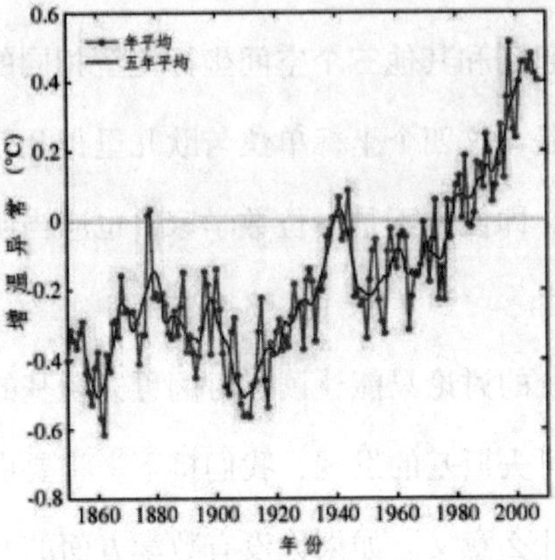

连续介质是流体力学或固体力学研究的基本假设之一。它认为流体或固体质点在空间是连续而无空隙地分布的，且质点具有宏观物理量如质量、速度、压强、温度等，都是空间和时间的连续函数，满足一定的物理定律（如质量守恒定律、牛顿运动定律、能量守恒定律、热力学定律等）。[①]

① 译者注。

四维空间

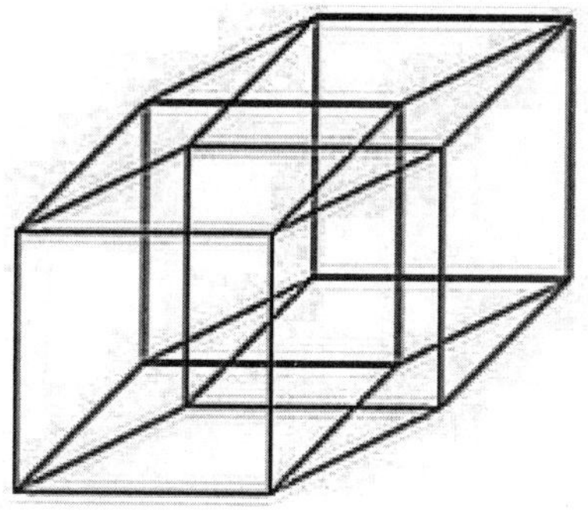

在物理学中描述某一变化着的事件时所必需的变化的参数，这个参数就叫作维。几个参数就是几个维。

简单地说：零维是点，没有长度、宽度及高度。一维是由无数的点组成的一条线，只有长度，没有其中的宽度、高度。二维是由无数的线组成的面，有长度、宽度，没有高度。三维是由无数的面组成的体，有长度、宽度、高度。因为人的眼睛只能看到三维，所以四维以上很难解释。

将四维空间定义为三维空间＋时间轴的说法是对于闵可夫斯基空间概念的误解。[①]

① 译者注。

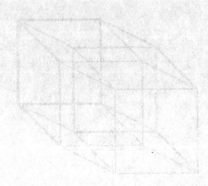

第二部分　广义相对论

一、狭义和广义相对性原理

狭义相对性原理，即一切匀速运动具有物理相对性的原理，是我们之前所有讨论的中心。让我们更加细致地分析一下它的意义。

从狭义相对性原理传达给我们的观点来看，每一种运动都只能被看作是相对运动，这一点一直是很清楚的。回到我们之前用的路基和火车车厢的例子上，我们可以用下列两种方法来解释运动的事实，这两种表述方式都是合理的：

（1）车厢相对于路基而言是运动的。

（2）路基相对于车厢而言是运动的。

我们在表述物体的运动状态时，在（1）中是把路基看作参照物，在（2）中是把车厢看作参照物。如果问题仅仅是让我们发现或者描述其中涉及的运动，那么我们相对于该运动所选取的参照系在原则上是无关紧要的。之前我们已经提到，这一点是不言自明的。但是我们绝对不能将其与综合性强得多的“相对性原理”相混淆，相对性原理是我们研究的基础。

我们所引用的原理不仅认为我们仍然可以选取路基或者车厢作为描述

任何事件的参照物（这一点也是很明白的），我们的原理还坚持：如果我们在表述从经验中获得的普遍的自然界定律时引用以下观点：

（1）路基作为参照物，

（2）火车车厢作为参照物，

那么这些普遍的自然界定律（例如力学定律或光在真空中的传播定律）同时适用于以上两种情况。这一点也可以表述如下：对于自然进程中的物理描述而言，无论是参照系 K 还是 K'，没有一个与另一个相比是独一无二的（字面上的意义是"特殊标注的"）。与第一个陈述不同，后一个陈述不一定要求从先验的观点出发；该陈述不包含在"运动"和"参照物"这些概念中，也不能从这些概念中推导出来；只有经验才能证明其正确性。

然而，到目前为止，我们根本无法确定是否所有参照系 K 在表述自然定律方面都具有等效性。我们主要是沿着以下思路进行考虑的。首先我们假设存在一个参照系 K，它的运动状态符合伽利略定律：一个质点若不受外界作用并远离其他所有质点，则该质点沿直线做匀速运动。参照系 K（伽利略参照物）表述的自然界定律应该是最简单的。除了 K 之外，所有参照物在描述自然定律时也是非常容易的，因为他们相对于 K 做非旋转式的匀速直线运动且它们都可以被视为伽利略参照物，所以这些参照物在表述自然界定律时应该与 K 完全等效。我们假定相对性原理只有对这些参照物才有效，对其他参照物（例如处于其他运动状态的参照物）则是无效的。

与此相对应的是，我们可以从下列陈述中理解"广义相对论"：所有的参照物 K、K' 等，不论它们的运动状态如何，在描述自然现象（表述自然界普遍定律）时都是等效的。在进行下去之前我必须指出的是，这一陈述在以后必须被代之以一个更为抽象的表述，其原因到以后你自然会明白。

既然已经证明了引入狭义相对论的原理是合理的，那么每一个追求普遍化结论的聪明人想必都等不及要去探索广义相对论了。但是只要简单想想就能够得到一个确定的答案，至少从目前看来，这种尝试成功的概率似乎并不大。想象一下，我们又回到了我们的老朋友——匀速前进的火车上。只要火车保持做匀速运动，车厢里的人就感觉不到火车的运动，基于此，他可以毫不勉强地说车厢此时处于静止状态。再者，根据狭义相对性原理，这种解释从物理学的观点来看也是十分合理的。

如果车厢的运动变为非匀速运动，比如此时忽然刹车，那么车厢内的人就会感受到一阵向前的猛烈冲力。这种受到阻碍的运动就通过车厢里的人的力学行为表现出来。这种力学行为不同于我们之前所讨论的案例，由此看来，对于静止的或者做匀速运动的车厢成立的力学定律并不能同时适用于做非匀速运动的车厢。无论如何我们都得到了一个准确的答案：伽利略定律对于做非匀速运动的车厢显然是不成立的。因此，我们目前不得不放弃广义相对论转而去寻找另一种方法将非匀速运动赋以一种绝对的物理实在性。但是接下来我们就会看到，这个结论是不成立的。

二、引力场

“如果我们捡起一块石头，然后松开手，为什么石头会落到地上呢？”通常这个问题的答案是：“因为石块受到地球的吸引。”现代物理学对这个答案的表述则大相径庭。通过对电磁现象的仔细研究我们发现，没有某种中间媒介的介入，超距作用是不可能发生的。例如，一块磁铁吸上了一块铁片，就意味着磁铁透过中间没有任何物质的空间直接作用于铁块，这种解释我们是不会满意的。我们不得不按照法拉第的方法去思考，设想磁铁总是在其周围的空间产生某种具有物理实在性的东西，我们把这种东西称为“磁场”。磁场反复作用于铁块上，铁块于是努力朝着磁铁移动。我们现在不讨论这个枝节性概念的合理性，不过这个概念的确具有一定的随意性。我们只能说，借助于这个概念，电磁现象的理论表述得到了更具有说服力的解释，对于电磁波的传播研究尤其如此。我们可以用相似的方式来看待引力的作用。

地球对石块的作用不是直接的。地球在其周围创造出一个引力场，引力场作用于石块，石块因此下落。从经验可知，当我们离地球越来越远时，地球对物体的作用强度逐渐减少，这是一个非常确定的规律。从我们的角度，这就意味着：为了正确表述引力作用随着物体与受作用物体之间距离的增加而减小的关系，支配空间引力场的性质的定律一定要非常具体而准确。它大概是这样的：一个物体（比如地球）在其周围最邻近处直接创造出一个场，场对于远处物体所施加的强度和方向由支配该引力场本身的空间性质定律决定。

引力场显示出一种不同于电场和磁场的显著特性，这种特性对于下面的论述具有非常重要的意义。一个物体在引力场的单一影响下得到一个加速度并保持运动状态，这个加速度与该物体的材料和物理状态没有任何关系。例如，一块铅和一块木头在同一个引力场中（在真空中），如果它们都从静止或者以相同的初速度开始下落，他们下落的方式将是完全相同的。根据以下方式思考，这个精确的定律可以以一种不同的形式表述。

根据牛顿运动定律，我们得到：

（力）=（惯性质量）×（加速度）

其中“惯性质量”是被加速物体的一个特征常数。如果引力是加速度的起因，我们就可以得到：

（力）=（引力质量）×（引力场强度）

其中“引力质量”也是被加速物体的一个特征常数。从这两个等式关系中我们可以得到：

$$（加速度）=\frac{（引力质量）}{（惯性质量）}\times（引力场强度）$$

现在，从我们的经验中可知，加速度与物体的本性和状态无关，而且在同一引力场中，不同物体的加速度是相同的。那么，对于一切物体而言，引力质量与惯性质量之比也必然是相同的。只要选取适当的单位，我们就能令这个比值等于1。因而我们可以得出下述定律：物体的引力质量等于其惯性质量。

这个重要的定律早已被记载在力学中，但是一直没有得到解释。我们只有承认了下述事实，这个定律才能得到合理的解释，这个事实就是：在不同处境下，物体性质的不同表现例如“惯性”或“重量”（字面意义是“体重”）其实都是该物体的同一个性质。这种说法有多大程度是可信的，这个问题与相对论的基本假定又是如何联系起来的？我们在下节将会展开说明。

万有引力定律

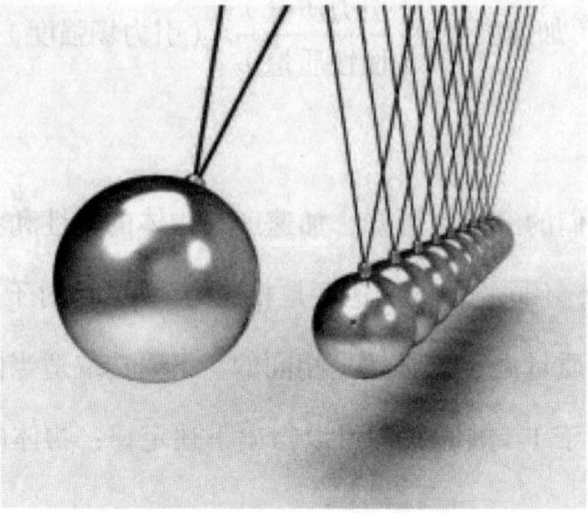

万有引力定律是艾萨克·牛顿在1687年于《自然哲学的数学原理》上发表的。牛顿的普适的万有引力定律表示如下：

任意两个质点由通过连心线方向上的力相互吸引。该引力大小与它们质量的乘积成正比，与它们距离的平方成反比，与两物体的化学组成和其间介质种类无关。[①]

① 译者注。

三、惯性质量和引力质量相等是广义相对性公设的一个论据

我们假设在什么都没有的空间里有一非常大的部分，它距离各个星球及其他可感知的质量非常遥远，可以说它基本满足了伽利略基本定律所需要的要求。这样我们就可以为这部分空间（世界）选取一个伽利略坐标系，相对于该坐标系处于静止状态的点仍旧保持静止状态，而处于运动状态的点则永远保持匀速直线运动状态。我们假设把一个宽敞的类似于房间的箱子作为参照物，箱子里有一个配有仪器的人作为我们的观察对象。当然，对于这个人而言引力并不存在。他必须用绳子把自己拴在地板上，否则他只要轻轻地碰一下地板就会朝着天花板的方向慢慢地浮起来。

在箱子盖的中间有一个钩子，钩子上系有绳子，现在有一个“生物”（什么生物对我们来说无关紧要）开始以恒力拉这根绳。于是箱子连同箱子内的人就开始做匀加速运动不断上升。经过一段时间，它们将达到一个前所未有的速度——倘若我们从另一个没有被绳提拉的参照物来观察这一切的话。

但是箱子里的人会如何看待这个过程呢？箱子的加速度会通过箱子地板的反作用传递给他。所以，如果他不想整个人都卧倒在地板上的话，他就必须用他的腿来承受这个压力。因此，他站在这个箱子里就跟其他人站在地球上的一个房间里一样。如果他放开手里拿着的一个物体，箱子的加速度就不再传递到这个物体上，因而这个物体就开始做相对加速运动，最终落到箱子的地板上。这个人就会进一步断定：无论他用什么物体来做这个实验，物体朝向箱子地板的加速度总是一个固定的值。

根据自己对引力场的认知（就如前面所讨论的），箱子里的人会得出这样一个结论：他和箱子处在同一个引力场中，并且该引力场相对于时间而言是恒定不变的。当然，他会一时感到迷惑不解：为什么这个在引力场中的箱子没有降落？这时，他发现了箱盖中间的钩子和钩子上拴着的绳。因此他又得出结论：箱子被悬挂在引力场中，处于相对静止状态。

我们应该嘲笑他在推理中犯的错误吗？如果我们保持一种求真的态度的话，我想我们不应该嘲笑他。事实上，我们应该承认，他对所处情况的捕捉以及认知既没有违背理性也没有违反已知的力学定律。尽管我们认定这个箱子相对于“伽利略空间”做加速运动，但是我们也可以把它看作是静止的。这样，我们就有了充分的理由去扩展相对性原理的包容度，将互做加速运动的参照物纳入理论适用范围，也正是这样，我们就有了一个相对性公设普遍化推广的论据。

我们必须充分认识到，这种解释方式的可能性，是以引力场给予一切物体相同的加速度这一基本性质为基础的；也就等于说，是以惯性质量和引力质量相等这一定律为基础的。如果这一自然定律不存在，处在做加速运动的箱子里的人就不能先假定出一个引力场来解释他周围物体的行为，他也就没有理由根据经验假定他的参照物是“静止的”。

假设箱子里的人在箱子盖内面系一根绳子，然后在绳子的自由端拴上一个物体。结果一定是绳子拉伸，物体则“竖直”悬垂着。如果我们询问绳子上产生张力的原因，箱子里的人会说：“悬垂着的物体在引力场中受到一个向下的力，此力为绳子的张力所平衡。物体的引力质量决定该绳子张力的大小。”另一方面，在空中保持平衡稳定的观察者会这么解释这个情况：“绳子势必参与箱子的加速运动，它将此运动传给拴在绳子上的物体。绳子的张力恰好足够引起物体的加速度。决定绳子张力的应该是物体的惯性质量。”从这个例子可以看到，我们对相对性原理的推广隐含着惯性质量等于引力质量这一定律的必然性。由此我们就得到这个定律的一个物理解释。

根据讨论做加速运动的箱子的案例，我们可以看到，广义相对论必然会对引力定律产生重要的影响。事实上，对广义相对性观念的系统研究已经补充了大量满足引力场现象的定律。但是，在继续谈下去之前，我必须提醒读者不要接受这些论述中隐含的一个错误概念。对于箱子里的人而言那里存在一个引力场，尽管对于最初选定的坐标系而言并没有这样的场。因此我们可能会做出轻率的假定：引力场永远只是一个表象式的存在。我们也可能认为，不管存在着什么样的引力场，我们总是能够选取另一个参照物，对于该参照物而言引力场完全不存在。这不是对于所有引力场都完全成立的，它仅适用于一些十分特殊形式的引力场。例如，我们无法找到这样一个参照物，相对于该参照物，地球的引力场（就其整体而言）完全消失。

我们现在可以认识到，为什么前面所列举的反驳广义相对性原理的论据是不能令人信服的。车辆里的观察者由于刹车而感受到一种朝向前方的猛冲，他因此觉察到车厢的非匀速运动（阻滞），这些事实没有问题。他可能还会这么解释自己的经历：“我的参照物（车厢）一直保持静止。但是，对于车厢这个参照物存在着（在刹车期间）一个方向向前的引力场，这个引力场会随着时间变化而变化。受该引力场的影响，路基连同地球都做非匀速运动，而它们原有的向后的速度以此方式逐渐减小。

惯性质量

惯性质量是量度物体惯性的物理量。实验发现，在惯性系中，若在两个不同物体上施加相同的力，则两物体加速度之比 a_1/a_2 是一个常数，与力的大小无关。此结果表明，a_1/a_2 之值仅由该两物体本身的惯性所决定，与其他因素无关。物理学中规定各物体的惯性质量与它们在相同的力作用下获得的加速度数值成反比。若用 m_1 及 m_2 分别表示两物体的惯性质量，则 $m_2/m_1=a_1/a_2$。[1]

[1] 译者注。

四、经典力学的基础和狭义相对论的基础在哪些方面不能令人满意

对于产生经典力学的定律我们已经重申过多次了：一个离其他质点足够远的质点沿直线持续做匀速运动或保持一个静止的状态。我们也多次强调过，该基本定律只有对一些处于特殊的运动状态的参照物 K 才有效，这些参照物互为参照并做匀速平移运动。否则，相对于其他参照物 K'，这个定律就会失效。所以在经典力学和狭义相对论中都把参照物 K 和参照物 K' 区分开：相对于参照物 K，公认的“自然界定律”可以说是成立的，而相对于 K'，这些定律并不成立。

但是，只要是有逻辑思维的人都不会满足于这个答案，我们要问：“为什么要认定某些参照物（或它们的运动状态）比其他参照物（或它们的运动状态）优越（特殊）呢？出现这种倾向的理由是什么？”为了讲清楚我提出这个问题的意义，我会使用一些对比的方法进行说明。

假设我站在一个煤气灶前。煤气灶上放着两个平底锅。这两个锅非常相像，甚至很多时候我们都分不清哪个是哪个，两个锅里都盛着半锅水。

我注意到一个锅里不断冒出蒸气，另一个锅里则没有。即使我从前从来没有见过煤气灶和平底锅，我仍然会感到惊讶。但这个时候我发现第一个锅底下有蓝色的光亮而另一个锅下没有。那么即使我从来没有见过煤气的火焰我也不再会感到奇怪了。因为我可以说这个蓝色的东西使锅里产生飘散而出的蒸气，或者至少可以说有这种可能。但是如果我确认这两个锅底下没有什么蓝色的东西，然而我还观察到其中一个锅不断冒出蒸气而另一个锅没有，那么我一定感到惊奇和不满足，直到我能用某种情况来解释这两个锅表现上的差异为止。

与此类似，在经典力学（或狭义相对论）中我们找不到什么真真切切存在着的物质能够说明为什么相对于不同的参照系 K 和 K'，物体会有不同的表现。[①] 牛顿发现了这个缺陷并曾试图消除它，但是没有成功。只有马赫对它看得最清楚，由于这个缺陷的存在，他宣称必须把力学放在一个新的基础上。只有借助于与广义相对性原理一致的物理学才能消除这个缺陷，因为这样的理论方程对任何参照物都是成立的，不论物体本身处于何种运动状态。

① 这个异议对于具有某种性质的参照物的运动状态具有特别的意义，这个性质就是，它不需要任何外界的中介来维持它的运动状态。比如说，在某个案例中，当参照物在匀速旋转时。

马赫

恩斯特·马赫（1838—1916年）是奥地利－捷克物理学家、心理学家和哲学家。

马赫认为世界是由一种中性的“要素”构成的，无论物质的东西还是精神的东西都是这种要素的复合体。所谓要素就是颜色、声音、压力、空间、时间，即我们通常称为感觉的那些东西。在他看来，物质、运动、规律都不是客观存在的东西，而是人们生活中有用的假设；因果律是人们心理的产物，应该用函数关系取代。世界因此表现为要素之间的函数关系，科学对此只能描述而不能解释，描述则应遵循“思维经济原则”，即用最少量的思维对经验事实做最完善的陈述。[①]

① 译者注。

五、广义相对性原理的几个推论

第二部分第三节的论述表明，广义相对论使我们以一种纯理论的方式推导出引力场的性质。例如，假设我们已经知道所有自然过程在伽利略区域中相对于伽利略参照物 K 如何发生，我们也已经知道这个自然过程的时空进程。借助于纯理论运算（即仅仅通过计算），我们就可以得知，这个已知的自然过程从一个相对于 K 做加速运动的参照物 K' 去观察是如何表现的。但是既然相对于这个新的参照物 K' 而言存在着一个引力场，我们的大脑就会条件反射般地告诉我们引力场是如何影响我们要研究的这个过程的。

举例来说，我们知道一个相对于 K（按照伽利略定律）做匀速直线运动的物体相对于做加速运动的参照物 K'（箱子）来说是在做加速运动的，而且一般还是曲线运动。此种加速度和曲率就对应于相对于 K' 而言已知存在的引力场对运动物体的影响。我们已经知道了引力场会以此方式影响物体的运动，因此刚才的讨论并没有为我们带来任何本质上的新的突破。

但是，如果我们以相同的方式来研究光线的话，我们就可以得到一个新的结果，这个结果对我们的研究非常重要。相对于伽利略参照系 K 而言，有这样一道光线沿直线传播，速度为 c。不难证明，如果我们把一个加速运动的箱子（参照系 K'）作为参照物来考虑的话，同一道光线的运动轨迹也不再是一条直线了。由此我们得出结论：一般来说，光线在引力场中沿曲线传播。这个结论在两个方面具有重大意义。

首先，这个结果可以同实际情况相比较。尽管关于这个问题的详细研究表明，根据广义相对论，光线穿过在实际中能够被我们加以利用的引力场时，其曲率是极小的；光以掠入射方式经过太阳时，其曲率量级也不过 1.7 角秒。这个说法可以通过以下示例证明。从地球上观察，某些恒星好像处在太阳的邻近处，因此我们能够在日全食时观测到这些恒星。在日全食时，这些恒星在天空的视位置与当太阳位于天空的其他部位时它们所处的视位置相比较，应该偏离太阳。检验这个推断正确与否是一个极其重要的问题，希望天文学家能够早日予以解决。[①]

其次，结果表明，根据广义相对论，作为狭义相对论两个基本假定之一的真空中光速恒定定律，其有效性或许是有限的。光线的弯曲只有在光的传播速度随位置而改变时才会发生。我们可能会想，如果这么说的话，狭义相对论甚至于整个相对论都要分崩离析了。但实际上并不是这样。我们只能说狭义相对论的有效性不是无止境的，并且只有在我们不需要考虑引力场对现象（例如光的现象）的影响时，狭义相对论的结

① 通过英国皇家联合协会和英国皇家天文学学会组织的两次探险远征所得到的星际摄影照片，相对论提到的光的偏折现象在一次日食中首次被证明存在，1919 年 5 月 29 日。（参阅附录三）

果才成立。

由于反对相对论的人常说狭义相对论被广义相对论推翻了，因此用一种适当的比方把问题说清楚才更为妥当。在电动力学发展起来之前，静电学定律就被看作是电学定律。现在我们知道，只有在电质量之间并相对于坐标系完全保持静止的情况下，才能够从静电学的角度准确地推导出电场，虽然在严格意义上这种情况是永远不会实现的。我们是否可以说，基于此，静电学就被麦克斯韦的电动力学方程推翻了呢？绝对不可以。静电学具有特殊限制性，但它仍然包含于电动力学。当“场”不随时间改变时，电动力学的定律就直接得出静电学定律。不是所有物理理论都能有这种好运，即一个理论本身指向一个更为全面的理论的创立，原来的理论则作为一个特殊情况继续存在下去。

在刚刚讨论过的光的传播的有关例子中，我们已经看到，广义相对论能够使我们从理论上推导出引力场对自然进程的影响，我们早已明白这些定律在不考虑引力场的影响下是什么样的。有一个问题受到了大家特别的关注，那就是引力场所满足的定律的研究问题，而广义相对论已经解决了这个问题。让我们稍微思考一下。

我们已经熟悉了经过适当选取参照物后（近似地）处于伽利略形式的那种时空区域，及没有引力场的区域。如果我们现在假设相对于参照系 K' 有着各种各样的运动，那么相对于 K' 就存在一个引力场，该引力场随时间和空间变化。[①] 这个场的特性必然取决于为 K' 所选取的运动。根据广义相对论，引力场的普遍定律必须满足所有以此方式得到的引力场。尽

① 此处符合第二部分第三节中的讨论的普遍化体现。

管不是所有的引力场都能以此方式产生，但我们还是可以抱着一线希望，认为普遍的引力定律能够从这样一些特殊的引力场推导出来。这个希望已经实现了，但是从认清这个目标到实现它要经过一段很繁复的探索过程，因为这个问题牵扯到太多别的内容，我在这里就不赘述了。我们还要进一步拓宽时空连续区的观念。

日全食

日全食是日食的一种，即在地球上的部分地点观测到的太阳光被月亮全部遮住的天文现象。日全食分为初亏、食既、食甚、生光、复圆五个阶段。由于月球比地球小，只有在月球本影中的人们才能看到日全食。民间称此现象为天狗食日。①

① 译者注。

六、时钟和量杆在转动的参照系上的行为

至今为止我一直在回避广义相对论中的空间数据和时间数据的物理解释问题。我逐渐开始对我的潦草讲述感到愧疚，根据我们对狭义相对论的了解，它们绝不是那种不重要的，能够被忽略的问题。是时候来弥补我犯的错误了。事先声明一下，我们不要求读者有足够的耐心和抽象能力来理解这个问题。

还是从以前常常使用的那些特殊的案例开始。我们先来设想一个时空区域，在这里相对于参照系 K 不存在引力场，参照系 K 的运动状态已经被合理地选定。参照系 K 就是区域内的一个伽利略坐标系，狭义相对论的结果对于 K 而言是成立的。我们假设我在同一区域内有另一个坐标系 K'，K' 相对于 K 做匀速旋转。为了易于想象，我们可以把 K' 看作一个平面圆盘，该圆盘在其本身的平面内围绕其中心做匀速旋转运动。一个行为古怪的人现在离开盘心坐到了圆盘 K' 上，他能够感受到沿径向向外作用的一个力。而一个相对于原来的参照物 K 保持静止的人就会把这个力解释为惯性效应（离心力）。但是坐在圆盘上的人可以把他的圆盘

当作一个静止的参照物。从广义相对论的基本原理来看，他的判断是合理的。他把作用在他身上的，事实上作用于所有相对于圆盘保持静止的物体的力，看作是一个引力场的效应。然而，这个引力场的空间分布在牛顿的引力理论看来是不可能的。[①] 但是既然我们的这位观察对象相信广义相对论，这个问题应该不难解答。他坚定地相信引力的普遍定律可以被建立——这个定律不仅可以正确地解释众星的运动，还能解释观察者自己所体验到的力场。

这个人在他的圆盘上用时钟和量杆做起了实验。他做这个实验的目的是要得出确切的定义来表达时间数据和空间数据相对于圆盘 K' 的意义，这些定义将基于他的观察。他会观察到什么呢？

首先他选取了两个构造完全相同的时钟，一个安置在圆盘的中心，另一个放在圆盘的边缘，如此一来，这两个时钟相对于圆盘保持静止。我们现在问自己一个问题，从非旋转的伽利略参照系 K 的角度出发，这两个时钟走的速率是相同的吗？从这个参照物来看，放在圆盘中心的时钟并没有速度，而由于圆盘的转动，在圆盘边缘的时钟相对于 K 是运动的。我们得到的结论符合第一部分第十二节中的讨论，在圆盘边缘的时钟永远比在圆盘中心的时钟走得慢，即从 K 观察的结论。显然，我们设想一个带着时钟坐在圆盘中心的观察者也会得到相同的结论。因此，在我们的圆盘上，或者把情况说得更普遍一些，在每一个引力场中，一个时钟走得快慢取决于这个钟（静止）在引力场中的位置。因此，如果仅仅借助相对于参照物保持静止的时钟来观察，我们无法得出一个合理的关于时间的定义。

① 在圆盘的中心，这个场的作用消失；但随着我们沿圆盘中心向外前进，这个场的作用不断增加。

我们在试图定义同时性的时候也遇到了同样的困难，但就这个问题我不想多谈下去了。

此外，在这个阶段，我们对空间坐标的定义也出现了不可克服的困难。如果这个人在观察的时候采用他的标准量杆（一根比圆盘半径短的杆），他将量杆放在圆盘的边上并使杆与圆盘相切，那么，从伽利略坐标系判断，这根杆的长度就小于 1，因为根据第一部分第十二节，运动物体在运动方向上发生收缩。另一方面，如果把量杆沿半径方向放在圆盘上，相对于 K，量杆的长度不会缩短。如果，这个观察者先用他的量杆去度量圆盘的周长，然后度量圆盘的直径，两者相除，他所得到的商不会是大家熟知的数字 $\pi=3.14\cdots$，而是一个大一些的数。[①] 当然，对于一个相对于 K 保持静止的圆盘，这个运算的结果就会准确地得出 π。这证明，欧几里得的几何学命题对于旋转的圆盘，或者更普遍地说，对于引力场并不适用，至少是在我们把量杆在所有位置和每一个取向的长度都算作 1 时，结论不成立。因而这个关于直线的设想也失去了意义。因此我们不能用在讨论狭义相对论时所使用的方法来试图准确定义圆盘上的 x，y，z 坐标。而且，只要还没有给出对于事件的坐标和时间的定义，我们就不能在这些事件出现时赋予自然定律以严格的意义。

如此看来，我们之前所有根据广义相对论得出的结论也都存在问题。在现实中，为了能够准确地运用广义相对论的公设，我们必须采取巧妙的迂回战略。在接下来的几段我会为读者解释这个问题。

---

① 关于这个问题的讨论我们必须以伽利略（非旋转）坐标系 K 做参照物，因为我们只可以单纯地假设相对于 K 的狭义相对论结论的有效性（如果参照 K'，引力场的作用就占了上风）。

七、欧几里得和非欧几里得连续区域

在我面前有一块平铺开来的大理石桌面。我可以从这个桌面上的任何一点到达其他任何一点，即连续地从一点移动到“邻近的”一点。重复这样的行为若干次，换言之，即无须从一点“跳跃”到另一点。我们把桌面看作一个连续区来表现桌面的上述性质。

现在我们假设已经做好了许多长度相等的小杆，它们的长度比大理石板短很多。我说它们长度相等的意思是，当把一个小杆放在另一个小杆上使它们叠合，它们的两端都能重合，不会有多出来的部分。我们接下来取四根小杆放在大理石板上，它们就构成了一个四边形（正方形），这个四边形的对角线长度是相等的。为了确保对角线相等，我们需要使用一根测试量杆。我们在第一个正方形周围再放置一些正方形，每一个正方形都与前一个正方形共有一个量杆，也就是边。一直重复以上方法，直到整个大理石板都铺满了正方形。最后应该是，每一个正方形的边隶属于两个正方形，每一个隅角隶属于四个正方形。

我们是否能避免遇到那个最大的困难就顺利解决问题，这是我最担心的问题。我们只要按以下的逻辑去思考就可以了。在任何时刻，只要三个正方形相会于一隅角，那么第四个正方形的两个边就已经被决定了。那么，这个正方形剩下两边的位置也就已经完全确定了。但是这个时候我就不能再调整这个四边形，这个四边形的对角线可能相等，也可能不相等。如果不经过调整它们的对角线就是相等的，那这真是大理石板和这些小杆创造出来的奇迹，我只能感到惊讶。我们还要把这个奇迹多实践几次才能完全控制可能产生的结果。

如果一切都进行得非常顺利的话，那么我可以说这些大理石板上的点以这些小杆为单位构成了一个欧几里得连续区域，这些小杆就是“距离”（线间隔）。在正方形中选择其中一隅角作为“原点”，这个正方形上的其他任何一隅角相对于这个“原点”的位置都可以用两个数字来表示。现在我只要说明从原点出发，向“右”走后向“上”走，需要经过多少根量杆才能到达我们所想的这个正方形的隅角。这两个数字就是这个隅角相对于“笛卡尔坐标系”的“笛卡尔坐标”，这些都由小杆的排列而决定。

对这个抽象的实验做出些许调整，我们就会发现在许多情况下这个实验是不能成功的。假设这些杆子会随着温度的增加而表现出一定程度的“膨胀”。我们将大理石板的中心部分加热，但周围不加热。在此情况下，桌面上的两根小杆仍然能够在每个位置上相互重合。但是在加热期间，我们的正方形结构就会变形，因为在桌面中间部分的小杆膨胀了，但外围部分的小杆没有膨胀。

对于定义为单位长度的小杆，大理石板已经不再是一个欧几里得连续区了，我们因此也不能再直接借助这些小杆来定义笛卡尔坐标，因为上述结构已经被破坏了。但是由于其他一些事物并不像这些小杆那样容易受到桌面的温度的影响（或者根本不受影响），因此我们还有可能继续坚持认为这个大理石块可以是一个“欧几里得连续区”。为此，我们必须对长度的度量和比较做一个更为巧妙的约定，才能顺利实现这一假设。

但是如果任何材质的杆子（即各种材料制成的杆子）在加热不均匀的石板上对温度的反应都一样的话，并且如果除了上述试验中杆子发生的几何行为变化之外，我们没有其他办法来探测温度的效应，那么最好的办法就是：只要能够使一根杆子的两端与石板上的两点相重合，就规定该两点之间的距离为 1。因为，如果不这样做，我们又应该如何定义距离才能避免犯粗略任意的错误呢？这样我们就必须舍弃笛卡尔坐标的方法，而以另一种不承认欧几里得几何学对刚体的有效性的方法取代之。[①] 读者们会发现，这里我们所遇到的局面与广义相对性公设所引起的局面是一样的。（第二部分第六节）

---

① 数学家们也会遇到我们的这个问题。已知有一个平面（例如，一个椭圆面）在欧几里得三维空间中，在这个平面上存在一个与平面大小相当的二维几何图形。高斯用第一原理解决这个问题，他没有采用这个平面属于欧几里得三维连续区的事实。假设在平面中（类似于之前的大理石板）我们要用刚性量杆构建一个框架，我们需要找到一条定律，这条定律适用于该情况而又区别于欧几里得平面几何基础。相对于量杆，这个平面不是一个欧几里得连续区域并且在该平面内我们无法定义笛卡尔坐标。高斯表示，这些定律可以用来处理平面内的几何关系，同时也将我们引向解决多维、非欧几里得连续区域的黎曼的相关理论。因此，数学家们早就解决了我们在广义相对性公设中遇到的问题。

虫洞理论

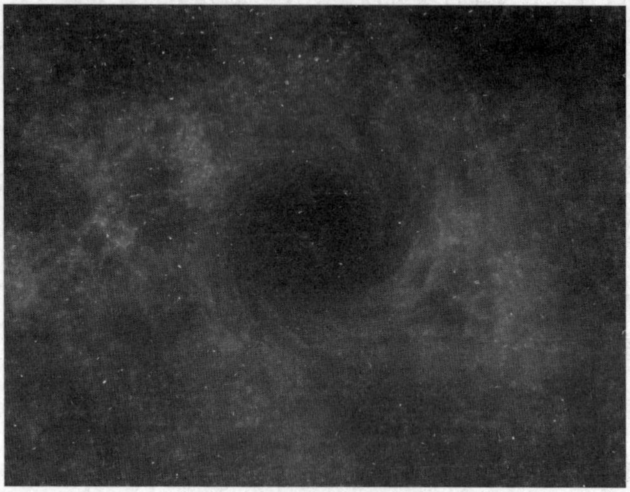

虫洞，又称爱因斯坦－罗森桥，是宇宙中可能存在的连接两个不同时空的狭窄隧道，它能扭曲空间，可以让原本相隔亿万千米的地方近在咫尺。[①]

① 译者注。

八、高斯坐标

根据高斯的相关论述，这种把分析方法与几何方法结合起来处理问题的方式可由下述途径达成。设想，在桌面上画一个任意曲线系（见图 4）。我们把这些曲线称为 u 曲线，并且其中每一根曲线都有一个数来表示。曲线 u=1，u=2 和 u=3 如图所示。在曲线 u=1 和 u=2 之间一定还可以画无数根曲线，这些曲线都有 1 和 2 之间的实数与之对应。这样就有了一个 u 曲线系，而且这个“无限稠密”的曲线系布满了整个桌面。这些 u 曲线彼此不相交，并且桌面上的每一点必须有一根且仅有一根曲线通过。因此大理石板上的每一个点都具有一个完全确定的 u 值。我们设想以同样的方式在这个石板面上画一个 v 曲线系。这些曲线满足 u 曲线所满足的条件，每条曲线也标以相应的数字，它们也可以具有任意的形状。

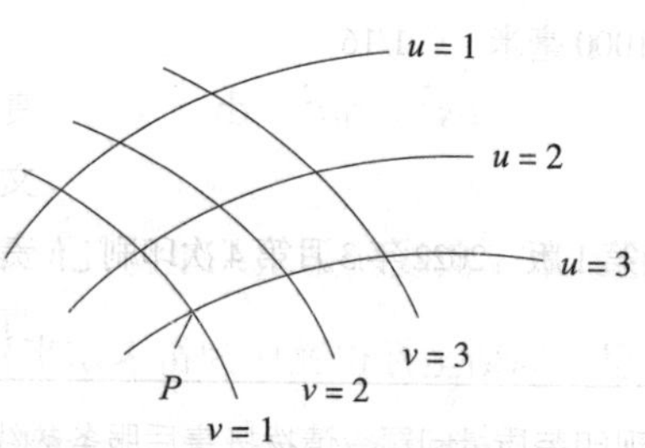

图 4

因此，桌面上的每一点都对应有一个 u 值和一个 v 值。我们把这两个数字称为桌面的坐标（高斯坐标）。例如图中的 P 点就有高斯坐标 $u=3$，$v=1$。在平面的两个邻点 P 和 P' 就对应坐标：

$$P: u, v$$

$$P': u+\mathrm{d}u, v+\mathrm{d}v$$

其中 $\mathrm{d}u$ 和 $\mathrm{d}v$ 标记很小的数。同样，我们可以用一个很小的数 $\mathrm{d}s$ 表示 P 和 P' 之间的距离（线间隔），好像用一根小杆测量得出的一样。于是，根据高斯的理论我们可以得到：

$$\mathrm{d}s^2 = g_{11}\mathrm{d}u^2 + 2g_{12}\mathrm{d}u\mathrm{d}v + g_{22}\mathrm{d}v^2$$

其中 g_{11}，g_{12}，g_{22} 是完全取决于 u 和 v 的值。量 g_{11}，g_{12}，g_{22} 决定了小杆相对于 u 曲线和 v 曲线的行为，因而也决定了小杆相对于桌面的行为。对于我们所讨论的面上的点相对于量杆构成一个欧几里得连续区的这个例子，只有在这一情况下，才能够按下列方法画出 u 曲线和 v 曲线并对它们标记以数字：

$$\mathrm{d}s^2 = \mathrm{d}u^2 + \mathrm{d}v^2$$

在此条件下，u 曲线和 v 曲线就是欧几里得几何学意义上的直线，它们也互相垂直。在这里，高斯坐标也就成为笛卡尔坐标。显然，高斯坐标只不过是所考虑平面上的点和两组数字的结合，这种结合具有这样的性质，即彼此相差很微小的数值与“空间中”相邻的点相关联。

目前，上述论述只适用于二维连续区。但是高斯的理论同样可以运用在三维、四维甚至多维连续区中。假设一个四维连续区被证明符合上述理论，我们可以用以下方式将其表示出来。对于这个连续区中的每一点，我们任意地把四个数 x_1，x_2，x_3，x_4 与之相关联，这四个数就称为这个点的坐标。相邻的点对应于相邻的坐标值。如果距离 $\mathrm{d}s$ 对应于相邻点 P 和 P' 之间的距离，并且从物理学的角度来看，这一段距离是可测量并且能够被明确定义的，那么下述公式成立：

$$\mathrm{d}s^2 = g_{11}\mathrm{d}x_1{}^2 + 2g_{12}\mathrm{d}x_1\mathrm{d}x_2 + \cdots + g_{44}\mathrm{d}x_4{}^2$$

式中，g_{11} 之类量值的值随它在连续区中的所处位置的变化而变化。只有当这个连续区是一个欧几里得连续区时才有可能将坐标 x_1，…，x_4 与这个连续区中的点关联起来，我们可以得到：

$$\mathrm{d}s^2 = \mathrm{d}x_1{}^2 + \mathrm{d}x_2{}^2 + \mathrm{d}x_3{}^2 + \mathrm{d}x_4{}^2$$

这样的话，那些适用于三维计算的关系同样适用于四维连续区。

然而，以上提出的高斯对于 $\mathrm{d}s^2$ 的解决方法并不总是行得通的。只有当所讨论的连续区中足够小的部分能够被看作欧几里得连续区时，这种方法才可行。例如，就大理石桌面和局部温度变化的例子而言，这一点显然是成立的。对于石板上一小部分面积而言，温度可以被视为常数，因此小杆的几何行为差不多能够符合欧几里得几何学法则。因此，前几节所描述的正方形结构的缺陷要到这个结构扩展到占桌面相当大一部分时才会明显地表现出来。

总结如下：高斯发明了对一般连续区做数学表述的方法，在这个表述方法中，我们能够定义“大小关系”（邻点间的“距离”）。对于连续区中的每一点，我们都可以用一些数（高斯坐标）来表示，这个连续区有几维，我们就用多少个数字标记。也就是说，每个点上所标的数字只对应该点具有唯一的意义，与该点相邻的无数点就应该用彼此相差极为微小的数（高斯坐标）来表示。高斯坐标系是笛卡尔坐标系的一个逻辑演变。高斯坐标系也可以适用于非欧几里得连续区域，但是必须满足下述条件，即相对于一定的“大小”或“距离”的定义而言，所考虑的连续区的各个部分越小，其表现就越像一个欧几里得系统。

九、狭义相对论的时空连续区可以当作欧几里得连续区

在第一部分第十七节中我们含糊地讲了一下闵可夫斯基的四维空间观念，现在我们要用更严谨的方式进行讨论。按照狭义相对论，一些坐标系有优先描述四维时空连续区的特权，我们把这些坐标系叫作“伽利略坐标系”。对于这些坐标系来说，确定一个事件，或者说确定四维连续区中的一个点的四个坐标 x，y，z，t，在物理上我们已经赋予其简单的意义，这点在本书的第一部分已经详细论述过了。从一个伽利略坐标系转换为另一个伽利略坐标系时，当然，两者满足后者相对于前者做匀速运动的条件，洛伦兹变换方程对其完全有效。这些洛伦兹变换方程构成了从狭义相对论衍生推论的基础，而这些方程本身也只不过是表述了光的传播定律对于一切伽利略参照系的普适有效性而已。

闵可夫斯基发现洛伦兹变换满足下列简单条件。我们来假设有两个相邻事件，两个事件在四维连续区中的相对位置，是参照伽利略参照系 K 中的空间坐标差 $\mathrm{d}x$，$\mathrm{d}y$，$\mathrm{d}z$ 和时间差 $\mathrm{d}t$ 来表示的。假设这两个事件相对于另一个伽利略坐标系的差相应地为 $\mathrm{d}x'$，$\mathrm{d}y'$，$\mathrm{d}z'$，$\mathrm{d}t'$。那么这些量一定满足

条件①：

$$\mathrm{d}x^2+\mathrm{d}y^2+\mathrm{d}z^2-c^2\mathrm{d}t^2=\mathrm{d}x'^2+\mathrm{d}y'^2+\mathrm{d}z'^2-c^2\mathrm{d}t'^2$$

洛伦兹变换的有效性就是由这个条件来确定的。我们可以用以下方式表述：

属于四维时空连续区的两个相邻点的量

$$\mathrm{d}s^2=\mathrm{d}x^2+\mathrm{d}y^2+\mathrm{d}z^2-c^2\mathrm{d}t^2$$

对于一切选定的（伽利略）参照系都具有相同的值。如果我们用 x_1，x_2，x_3，x_4 代换 x，y，z，$\sqrt{-1}ct$，我们可以得到以下结论：

$$\mathrm{d}s^2=\mathrm{d}x_1{}^2+\mathrm{d}x_2{}^2+\mathrm{d}x_3{}^2+\mathrm{d}x_4{}^2$$

结果与选择的参照物无关。我们把此量 $\mathrm{d}s$ 称为两个事件或两个四维点之间的“距离”。

因此，如果不选取实量 t 而选取虚量 $\sqrt{-1}ct$ 作为时间变量，根据狭义相对论，我们就可以将时空连续区看作一个欧几里得四维连续区，这个结论可以从前面几节的论述中推导出来。

① 参照附录一、附录二，这些从坐标系中推导出的关系同样适用于坐标差，因此也适用于坐标微分（无穷小的细微差异）。

十、 广义相对论的时空连续区不是欧几里得连续区

在本书的第一部分，我们能够使用简单并且具有非常直接的物理解释的时空坐标，根据本书第二部分第九节，这种时空坐标可以被看作笛卡尔四维坐标。之所以能够这样做，是以光速恒定定律为基础的。但是同样地，根据本书第二部分第四节，广义相对论并不适用于此定律。相反地，我们得到的结论是，根据广义相对论，即，当存在着一个引力场时，光速取决于其坐标位置。在第二部分第六节中，我们经过仔细的讨论后发现，引力场的存在使得我们对坐标和时间的定义失效了，这也引起了我们对狭义相对论的质疑。

鉴于这些论述结果，我们可以得出这样的论断，根据广义相对论，时空连续区不能被看作欧几里得连续区。在这里我们只有一个普遍的案例，那就是将相当于具有局部温度变化的大理石板理解为二维连续区的例子。正如在那个例子里不可能用等长的杆构建一个笛卡尔坐标系一样，在这里我们也不可能用刚体和时钟建立一个系（坐标系），因为如果把量杆和时钟相互做好刚性安排的话，它们本身的性质就会使它们直接指

向具体的位置和时间意义。这也是我们在第二部分第六节中遇到的问题的本质。

不过，我们在第二部分第八节和第九节中的讨论给我们提供了一个解决办法。我们可以任意地选取高斯坐标来表示四维时空连续区。我们用四个数（坐标）x_1，x_2，x_3，x_4 来表示连续区中的任意一点（事件），它们没有任何直接的物理意义，其目的只是用一种准确而又随意的方式标出连续区的各个点。这种安排甚至不需要我们把 x_1，x_2，x_3 看作“空间”坐标，把 x_4 看作“时间”坐标。

读者们可能会认为，用这样一种方法来描述世界实在太不准确了。如果这些坐标 x_1，x_2，x_3，x_4 本身没有任何意义，那么我们用它们来描述一个事件又有什么意义呢？经过仔细的思考我们就会发现，这种担忧完全是没有根据的。例如，我们设想一个可能正在做任何运动的质点。如果这个点没有做任何持续性运动，它只是作为一个短暂性的存在，那么这个点在时空中只要一组简单的数值 x_1，x_2，x_3，x_4 就可以对其进行描述。那么，如果这个点的存在是永久的，我们就要用无穷的数值组来描述这个点，而且其坐标值必须足够接近以显示连续性。对于该质点，我们在四维连续区中就有了一根（一维的）线来描述其运动轨迹。同理，在我们的连续区中的任何一根这样的线，就对应着许多在运动中的点。在所有的关于这些点的陈述中，实际上只有那些关于点的会合的描述才具有物理存在意义。用数学论述的方法来看，这种会合事实上就是分别表现了所选取的点的运动轨迹的两根线，两条线中存在一组相同的坐标值 x_1，x_2，x_3，x_4。经过周密的思考后我们的读者就会承认，实际上，这样的会合就是我们在物理陈述中了解到的时空性质的唯一实在证据。

当我们相对一个参照系描述一个质点的运动时，我们所说明的不过是这个点与这个参照系内各个特殊的点的会合。我们同样也可以借助于时钟观察物体的会合情况，与此同时，观察钟的指针和标度盘上特定的点的重合来确定相应的时间值。这与用量杆进行空间测量是一样的，这一点各位稍加考虑就会明白。

下列的陈述是普遍成立的：每一个物理描述本身可以被分解为许多陈述，每一个陈述都涉及 A、B 两个事件时空重合。拿高斯坐标来说，其中的每一个陈述都是基于两个事件的 x_1，x_2，x_3，x_4 四个坐标的一致性来表达的。因此，实际上，使用高斯坐标对时空连续区进行描述可以完全取代选取参照物进行描述的方法，这样我们就不用再担心后一种描述方法所具有的瑕疵了。而且，我们也不必再受连续区中必然表现出来的欧几里得特性的限制了。

十一、广义相对论的严格表述

现在，我们就能够提出一个广义相对性原理的严格表述来代替之前在第二部分第一节中的暂时表述了。之前的表述形式是："所有的参照物 K, K' 等等，不论它们的运动状态如何，在描述自然现象（表述自然界普遍定律）时都是等效的。"这种表述是不能维持下去的。因为，在狭义相对论意义上使用刚体作为参照物的做法在时空描述中一般来说是不可能的。必须用高斯坐标系代替参照物。下面的描述与广义相对性原理的基本观点相一致："所有的高斯坐标系在表述自然界普遍定律时都是等效的。"

我们还可以用另一种方式来表述这个广义相对性原理，用这种形式比用狭义相对性原理的自然推广式更加明白，也更容易掌握。根据狭义相对论，应用洛伦兹变换后，以一个新的参照物 K' 的时空变量 x'，y'，z'，t' 代换一个（伽利略）参照物 K 的时空变量 x，y，z，t 时，表述自然普遍定律的方程在变换后仍取相同的形式。另一方面，根据广义相对论，对高斯变量 x_1，x_2，x_3，x_4 应用任意代换，这些方程经变换后仍取相同的形式。因为每一种变换（不仅仅是洛伦兹变换）都相当于从一个高斯坐标系过渡到另一个高斯坐标系。

如果我们想要继续坚持“旧时代”看待事物的三维观点，那么我们就可以这么描述广义相对论的基本观点的目前发展状况：狭义相对论和伽利略区域相关，即和没有引力场存在的区域相关。就此而论，伽利略参照物就充当参照物的角色，这个参照物是一个刚体，其运动状态必须得使“孤立”质点做匀速直线运动的伽利略定律相对于这个刚体是成立的。

从某些角度来看，我们也应该把相同的伽利略区域引入非伽利略参照物。于是，相对于这些物体就存在着一种特殊的引力场。（参阅第二部分第三节和第六节）

在引力场中，没有任何刚体具有欧几里得性质。因此，虚构的刚性参照物在广义相对论中是无效的。钟的运动同样受引力场的影响，受此影响，直接借助于钟而做出的关于时间的物理定义不可能达到狭义相对论中相同程度的真实感。

由于这个缘故，使用非刚体参照物，这些物体作为一个整体不仅运动方式是任意的，并且在运动过程中可以发生形变（没有限制地）。钟表的运动可以遵从任何运动定律，尽管非常不规则，但可以用来定义时间。我们想象有一些这样的钟固定在一个非刚性参照物上的某一点。这些钟只满足一个条件，那就是同时从（空间中）相邻的钟上“读数”，互相之间只相差一个极小的值。这个非刚性参照物，或许更适合被称作“软体运动参照物”，基本上相当于一个任意选定的高斯四维坐标系。与高斯坐标系相比较，在形式上保留空间坐标和时间坐标的分立状态（这种保留实际上是不合理的）实际上给这个“软体运动参照物”增加了一定的可理解度。只要我们把这个软体运动物视作参照物，这个软体运动参照物上的每一个点都被看作一个空间点，每一个相对于空间点保持静止的质点也保持静止。广义相对性原理要求所有这些软体运动物都可以用来做参照物表述自然界的普遍定律，这些软体运动物具有相同的权利，也能够实现这个目标。这些定律本身必须不受软体运动物的选择的影响。

综上所述，广义相对性原理的巨大能量就在于它对自然界定律做了全面而明确的限制。

十二、在广义相对性原理基础上理解引力问题

如果读者们已经仔细阅读过前面的各个讨论章节，你们就不难理解我们将要讨论的关于引力问题的解决办法了。

我们要从考察一个伽利略区域开始，伽利略区就是相对于伽利略参照物 K 没有引力场存在的区域。量杆和钟相对于 K 的行为可以从狭义相对论中了解到，“孤立”质点的行为也是，后者沿直线做匀速运动。

现在我们把这个区域引入高斯坐标系或引入相对于参照物 K' 的一个“软体运动物”中进行考察。则相对于 K' 存在一个引力场 G（一种特殊的引力场）。我们之前研究相对于 K' 的量杆、钟和自由运动的质点的运动时仅仅使用了数学变换的方法。我们把它解释为量杆、钟和自由质点在引力场 G 的影响下的行为。于是我们可以引入一个假设：即使当前的引力场不能单纯地通过坐标变换从伽利略的特殊情况推导出来，引力场对量杆、钟和自由运动的质点的影响，将按照同样的定律继续发生下去。

接下来研究引力场 G 的时空行为，这是直接通过坐标变换从伽利略的特殊情况中推导出来的。引力场的这种行为在一个定律中有明确的表述，

这就是说它永远是成立的，无论在描述时选择什么样的参照物（软体运动物）。

因为我们所考虑的引力场是一种特殊的引力场，所以这个定律还不能被叫作引力场的普遍定律。要得出普遍的引力场定律，我们还需要将之前得出的定律进行普遍化处理。这回不需要瞎想，我们只要按下述要求思考就可得出该定律：

（1）要求的普遍定律必须同样满足广义相对性公设。

（2）如果在所考虑的区域中有任何物质的存在，对于激发一个场的效应而言，只有它的惯性质量是有重要意义的，根据我们第一部分第十五节中的讨论，也就是说只有它的能量是重要的。

（3）引力场和物质必须同时满足能量（和冲量）守恒定律。

最后，广义相对性原理使我们能够确定当不存在引力场时，引力场对按照已知定律正在发生的整个进程的影响，也就是对那些已经被纳入狭义相对论的进程的影响。在这一点上，我们原则上仍沿用解释量杆、钟和自由运动的质点的方法来进行研究。

从广义相对性公设中导出的引力论，其优越性不仅在于完美无误差，不仅在于消除了第二部分第四节提出的经典力学先天带有的缺陷，不仅在于解释了惯性质量和引力质量相等的经验定律，更在于它解释了一个天文观测结果，对于这个结果，经典力学显得无能为力。

如果我们把这个引力论的应用限制于以下情况，即引力场可以被认为非常弱时，还有引力场中所有的质量都以远不及光速的速度相对于坐标系运动时，作为第一级近似我们就得到牛顿理论。这样，牛顿的引力理论在这里无须任何特别假定就可以得到；然而，牛顿当时必须引入这样一个假设：相互吸引的两个质点间的吸引力必须与质点间距离的平方成反比。如果我们提高计算的精确度，那么牛顿理论中的误差就会出现，但是由于这些误差特别小，他们在实际观测中都是检查不出来的。

我们必须留意到其中的一个偏差。根据牛顿的理论，行星沿椭圆轨道绕日运行，如果我们能够不计恒星本身的运动以及所考虑的其他行星的作用，行星运行的椭圆轨道相对于恒星的位置将永远保持不变。因此，如果我们根据这两个影响改正所观测的行星运动，并且如果牛顿的理论是完全正确的，我们所得到的行星轨道就应该是一个相对于恒星系固定不变的椭圆轨道。这个推论可以经得起相当高的精确度的验证，它得到所有的行星的证实，只有一个例外，其精确度是目前可能获致的观测灵敏度所能达到的精确度。这个唯一的例外就是水星，它是离太阳最近的行星。从勒维烈的时代起人们就知道，水星运动的椭圆轨道改正消除了上述影响后，相对于恒星系并不是固定静止的，而是非常缓慢地在轨道的平面内转动，并且沿轨道运动的方向转动。所得到的这个椭圆轨道转动的值是每世纪 43 角秒，其误差不会超过几角秒。要用经典力学解释这个效应只能借助于设计假设，而且这些假设成立的可能性很小，而这些假设的设立也仅仅是为了解释这个效应而已。

根据广义相对论，我们发现每一个绕日运动的行星的椭圆轨道都必然以上述某种方式转动，除了水星之外，其他所有行星的转动都太小，以目前可能达到的观测精度是无法探测到的。但是对于水星而言，这个转动的数值必须达到每世纪 43 角秒，这个结果与观测结果严格相符。

除此之外，到目前为止只可能从广义相对论中得出两个可以通过观测检验的推论，即光线受太阳引力场的影响发生弯曲，[①]以及来自巨型星球的光的谱线与在地球上以类似方式产生的（即由同一种原子产生的）相应光谱线相比较，有位移现象发生。我相信，这些推论有一天一定也会被证实的。

水星

水星是太阳系八大行星最内侧也是最小的一颗行星，也是离太阳最近的行星，中国称为辰星。它有八大行星中最大的轨道偏心率。它每87.968个地球日绕行太阳一周，而每公转2.01周同时也自转3圈。

水星有着太阳系行星中最小的轨道倾角。水星轨道的近日点每世纪比牛顿力学的预测多出43角秒的进动，这种现象直到20世纪才从爱因斯坦的广义相对论得到解释。[②]

① 1919年首先被爱丁顿等人观测到（查阅附录三）。
② 译者注。

勒维烈

勒维烈（1811—1877 年），法国天文学家，生于诺曼底半岛圣诺镇的一个小职员家。曾任巴黎大学理学院教授，巴黎天文台台长，同时也是英国皇家学会会员。

勒维烈曾用数学方法推算出当时尚未发现的海王星的位置。取得这一成就时，他不过 30 岁。[①]

① 译者注。

第三部分　关于整个宇宙的一些思考

一、牛顿理论在宇宙论方面的困难

除了本书第二部分第四节中提到的困难，经典天体力学中的第二个基本困难，据我所知，是天文学家泽利格首先系统地提出来的。如果我们仔细思考一下这个问题：宇宙作为一个整体应该如何被认知？我们会想到的第一个答案一定是：就空间（和时间）而言，宇宙是无限的。宇宙中到处都存在着星体，尽管就细节部分来看，物质的密度变化很大；但是平均而言，物质的密度到处都是一样的。也就是说：不管我们在空间中走多远，我们在任何地方都会发现一群稀薄的恒星群，而且这些恒星群的密度和种类都是相近的。

这个观点与牛顿的理论相矛盾。后一种理论要求宇宙中必须有一个中心性的东西，在这个中心里的星群的密度是最大的，从这个中心往外，星群的密度会逐渐减小，直到最后，到达最远的地方，继以无穷的虚空区域。恒星宇宙应该是无尽空间海洋中的一个小岛。①

① 论证：根据牛顿相关理论，来自于无穷远区域且终结于质量 m 的“力线”的数量与质量 m 成正相关。如果平均来看，质量密度 ρ_0 在宇宙中保持恒定，那么一个体积为 V 的球体的平均质量应该是 $\rho_0 V$。因此，经过球面 F 进入球体内部的力线数量应该与 $\rho_0 V$ 成正比。对于单位球面积，进入球体内部的力线数量则应该与 $\rho_0 \frac{V}{F}$ 或 $\rho_0 R$ 成正比。因此球体表面的场的密度最终随着球体半径 R 的增加而达到正无穷，这是不可能的。

这个概念本身不够令人满意，因为它导致了下面的结果，那就是从恒星出发的光以及恒星系中个别的恒星不断向无限空间奔去，永不回头，同样也不会再与其他自然客体产生纠葛。这样的有限物质宇宙将注定逐渐走向系统的枯竭。

为了避免上述的两难困境，泽利格对牛顿定律提出了一项修正，其中假定了，对于很大的距离而言，两个质量之间的吸引力减小的速度要比按照平方反比定律得出的结论要快得多。这样就有可能使物质的平均密度在各处保持恒定，甚至是在宇宙的无限远空间中也一样，也不会产生无限巨大的引力场。我们因此可以从那个要求物质宇宙必须拥有一个中心的不称意的概念中解脱出来。当然，我们也就从一开始提到的基本困难中解脱了出来，代价则是给牛顿理论进行修正并使其更加复杂，但是缺少经验根据和理论基础。我们能想到刻意起到相同功能的无数条定律，甚至都不用指出其中一个理论比另一个好在哪儿，因为这些定律立足的基础很少是基于牛顿定律或是更加普遍的理论原则。

恒星群

二、 一个“有限”而又“无界”的宇宙的可能性

我们对宇宙的结构的怀疑已经走向另一个方向了。非欧几里得几何学的发展使我们认清一个事实，那就是我们对空间无限性的质疑不会与我们的思考或经验（黎曼和亥姆霍兹）发生冲突。亥姆霍兹和庞加莱已经把这些问题解释得很清楚了，但是在这里我们只能简单介绍一下。

首先，我们假设在一个二维空间中具有某种存在：平面的生物和平面的工具，尤其是平面的刚性量杆都能够在平面中自由运动。对于他们来说，在此平面之外没有任何东西存在，也就是说，他们看到发生在他们自己身上的以及发生在那些平面“事物”上的事情就是该平面内的一切事实。尤其是，平面欧几里得几何学的结构都可以通过量杆搭建而成，比如说，第二部分第七节中提到的格架式结构。不同于我们存在的世界，这些生物的宇宙是二维的；但与我们相同的是，二维平面也可以向无限远延伸。他们的宇宙中有足够的空间可以存放无数个用小杆做成的完全相同的正方形，即它的体积（表面）是无限的。如果这些生物说他们的宇宙是“平的”，这个表述是有潜在意义的，因为他们的意思是他们能够用量杆表现出平面

欧几里得几何学的结构。在这一点上，完全相同的两根量杆永远表示相同的距离，这与他们所处的位置无关。

我们再来试着思考第二种二维存在，但这一次我们要设想的是一个球形平面而不是一个简单的平面。这些平面生物和他们的量杆还有其他的物体都被安置在这个球形表面，他们不能离开这个表面。他们对整个世界的观察仅仅延伸到这个球形表面。这些生物还能把这个世界的几何学看作平面几何学，把他们的量杆同样看作“距离”的实现吗？他们不能。因为当他们试图去画一条直线时，他们得到的是一条曲线，我们这些“三维生物”把它叫作大圆弧，即一条有确定的长度的独立的线，其长度可以通过量杆测量。同样地，这个宇宙中有一个有限区域和用量杆构建的正方形区域相似。这之所以能够这么神奇，是因为在于我们发现了一项事实——这些生物存在的宇宙既是有限的，但它也是没有边界的。

不过，这些生活在球形表面的生物并不需要环游世界就能够意识到他们并没有生活在欧几里得宇宙中。他们能够从这个世界的任何一部分进行证明，但我们也知道，他们不能用过小的部分来论证。以一个点做起点，他们向各个方向画一条长度相等的“直线”（从三维空间来看就是圆上的一段弧）。他们把这些线的自由端连接起来的线称为“圆”。在平面中，用同样的量杆进行测量，根据欧几里得平面几何学，圆的周长和它的直径的比率等于常数 π，π 值的大小与圆的直径无关。在球形表面的平面生物们会发现这个比值等于

$$\pi \frac{\sin\left(\frac{r}{R}\right)}{\left(\frac{r}{R}\right)}$$

即一个小于 π 的值，其中的差异就更值得研究，圆的半径比“球形世界”的半径 R 越大，上述比值与 π 的差值就越大。通过这个关系，球形表面的生物就能够算出他们的宇宙（“世界”）的半径，即便他们只能获取这个球形世界的一小部分用于测量。但是如果这一部分真的非常小的话，他们就不能证明他们是在一个球形“世界”而不是在一个欧几里得平面上了，因为球形表面上很小的一部分与平面上的相同尺寸的一部分的大小相差无几。

因此，如果球形表面上的生物生活在一个星球上，而其太阳系只是一个球面宇宙中微不足道的一部分的话，他们就无法得知他们到底是生活在一个有限的宇宙还是一个无限的宇宙，因为他们有能力去认知的这“一小片宇宙”不管在哪种情况下实际上都是平的，或者说，属于欧几里得平面。从讨论中可以得出，对于我们的球形表面的生物来说，一个圆的周长一开始随着半径的增加而增加，直到达到“宇宙的周长”，从那时起，圆的半径值仍保持增长，其周长却逐渐减小直至零。在此过程中，圆的面积持续扩大，直到它最终与整个“球形世界”的区域面积相等。

读者们或许想知道，为什么我们要将这些“生物”放在球体表面上而不是其他闭合表面。这个选择自有其合理性，因为在所有的闭合表面之中，球形的独特性质使它成为唯一的选择——球形表面上的每一点都是等效的。我承认圆的周长 c 和半径 r 的比值与 r 有关，但是当 r 的值已经被给定时，所有在“球形世界”上的点的 r 值都是相同的。另言之，“球形世界”是一个“恒定曲率表面”。

跟这个二维“球形世界”相对应的有一个三维类推，那就是黎曼发现的三维球面空间。这个空间上面的点也都等效。它的体积是有限的，由球体的半径决定（$2\pi^2R^3$）。我们有可能设想出一个球面空间吗？要设想一个空间莫过于要设想一个我们的“空间”经验的缩影，即我们能够在“刚性”物体运动时体会到的经验。在此意义上我们可以设想一个球面空间。

假设我们从一个点出发，在其各个方向画线或者从这个点上拉线，用量杆测量这些线的距离，当距离等于 r 时进行标记。所有相同长度的自由末端最后都落在一个球面上。我们可以用量杆制成的正方形特别地测量一下这个区域的面积（F）。如果这是一个欧几里得宇宙，那么 $F=4\pi r^2$；如果这是一个球面，那么 F 永远小于 $4\pi r^2$。随着 r 值的不断增加，F 值从零增加到最大值，这个最大值是由“世界半径”决定的，之后随着 r 值进一步增大，面积就会逐渐缩小直至为零。一开始，直线以起点为原点辐射出去，它们之间彼此离得越来越远，但之后它们彼此趋近，最后它们在一个点“重合”，这个点是与起点相对的“对立点”。在这种情况下，它们穿越了整个球面空间。显然，三维球面和二维球面的情况也很相似。它是有限的（即体积是有限的），但是又没有边界。

我们或许提过，还有另一种曲面空间：“椭圆空间”。它也能被视为一种曲面空间，在这个空间里，两个“对立点”完全相同（彼此之间无法分辨）。椭圆宇宙因此被视为弯曲宇宙的一种延伸，有着中心对称的性质。

这就应了我们之前所说的，没有界限的闭合空间是能够被构想的。从上述可知，球体空间（和椭圆空间）胜在它的简洁性，因为其表面上的每一点都是等效的。以上讨论给天文学家和物理学家提出一个最感兴趣的问题，也就是我们生活的宇宙是否是无限的，或者它以一种球体宇宙的形式存在，是有限的。我们的经验远不足以回答这个问题。不过，广义相对论允许我们用一种含蓄的确定来回答这个问题，因此，在第三部分第一节中提到的困难也找到了相应的解决办法。

多维空间

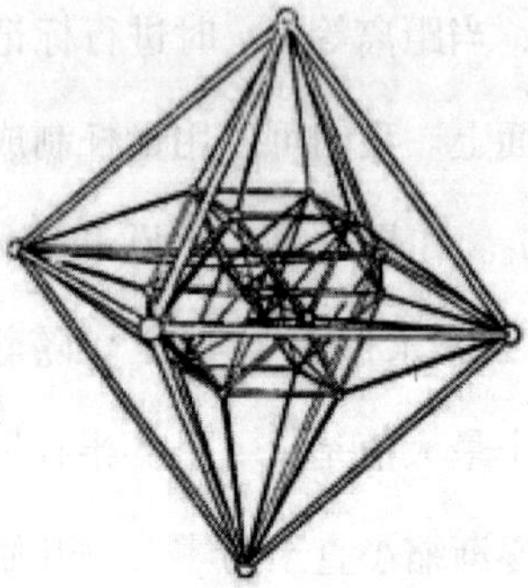

数学、物理等学科中引进的多维空间概念，是在三维空间基础上所作的科学抽象。如今，科学家认为整个宇宙是十一维的。[①]

① 译者注。

三、以广义相对论为依据的空间结构

根据广义相对论，空间的几何性质并不是独立的，而是由物质决定的。因此，我们只有以已知物质的状态为依据进行分析，才能对宇宙的几何结构做出解释。从经验可知，只要选取适当的坐标系就能得出，星星在宇宙中的运动速度比光的传播速度要小得多。因此，如果我们将物质看作是静止的，我们就能在一个粗略近似的程度上得出一个关于整个宇宙的性质的结论。

从我们之前的讨论中已经能够得知，量杆和钟的行为受引力场的影响，即受物质分布的影响。这个事实本身就足以排除欧几里得几何学在我们宇宙中的绝对正当性了。但是我们能够想象，我们的宇宙与欧几里得宇宙相比只有极其微小的差别。计算表明，即使一个物体的质量和太阳差不多大，其对周边空间的度规的影响也是极其微小的，这也为前面的论述增加了一些可信度。我们还可以从几何学的角度来设想一下，我们的宇宙与一个个别部分不规则弯曲的空间相似，不过这个空间没有任何地方与平面有显著差别：类似于一个泛起涟漪的湖面。这样一种宇宙更适合叫作类欧几里得宇宙。要说空间大小，它是无限的。但是计算表明，类欧几里得宇宙中物质的密度必须是零。因此，这样一个宇宙就不能到处都有物质的存在，这就出现了我们第三部分第一节中描述的那个不太令人信服的画面。

如果我们想要宇宙中的物质的平均密度不等于零，不管这个密度多么接近于零，这个宇宙都不是一个类欧几里得宇宙。相反，计算结果表明，如果物质被平均分布在宇宙中，这个宇宙就一定是一个球形（或椭圆形）宇宙。因为在现实中物质不可能平均分布，所以真正的宇宙在个别部分偏离球体，即，会是一个类球体宇宙。它一定是有限的。事实上，该理论给我们提供了一个宇宙空间扩张和宇宙中物质平均密度的相关关系①。

---

① 对于宇宙的“半径”R 我们得到下列方程：

$$R^2=\frac{2}{\kappa\rho}$$

在方程中运用 C.G.S. 单位制（厘米·克·秒制）可得到$\frac{2}{\kappa}=1.08\times10^{27}$，$\rho$ 是物质的平均密度，κ 是与牛顿引力常数相关的一个常数。

附录一　洛伦兹变换的简单推导

（第一部分第十一节的补充）

在图 2 中注明了坐标系的相关情况，两个坐标系的 x 轴永远保持一致。在目前的实例中我们可以把问题分为几部分来考虑，首先考虑定位在 x 轴线上的事件。每一个事件相对于坐标系 K 都有横坐标 x 和时间 t 对其进行描述，相对于坐标系 K' 则由横坐标 x' 和时间 t' 对其进行描述。当 x 和 t 已经给定时，我们需要求出 x' 和 t'。

一个沿着 x 正半轴线传输的光信号，根据以下公式进行传播：

$$x=ct$$

或者

$$x-ct=0 \tag{1}$$

因为相同的光信号相对于 K' 的传播速度为 c，所以相对于坐标系 K' 的传播可以通过近似公式表示为

$$x' - ct' = 0 \tag{2}$$

这些满足（1）式的时空点（事件）必然也满足（2）式。显然，在一般情况下当条件满足时，关系为

$$(x' - ct') = \lambda(x' - ct) \tag{3}$$

式中，λ 为一个常数；所以，根据（3）式，当（$x - ct$）等于零时，（$x' - ct'$）同样等于零。

如果把类似的方法运用到沿着 x 负半轴传播的光线的例子中，我们可以得到条件：

$$(x' + ct') = \mu(x + ct) \tag{4}$$

通过将公式（3）和（4）相加（或相减），并为了方便用常数 a 和 b 代替常数 λ 和 μ，其中

$$a = \frac{\lambda + \mu}{2}$$

而

$$b = \frac{\lambda - \mu}{2}$$

我们可以得到公式

$$\left.\begin{aligned} x' &= ax - bct \\ ct' &= act - bx \end{aligned}\right\} \qquad (5)$$

因此，如果常数 a 和 b 已知，我们就得到了问题的解决办法。这些结果来源于以下讨论。

对于坐标系 K' 的原点，永远都有 $x'=0$，然后根据公式（5）中的第一个公式可得

$$x = \frac{bc}{a}t$$

如果我们把 K' 的原点相对于 K 移动的速度称为 v，我们就得到

$$v = \frac{bc}{a} \qquad (6)$$

如果我们计算出另一个 K' 上的点相对于 K 的速度，或者一个 K 的点相对于 K' 的速度（指向 x 负半轴），相同数值的 v 同样可以通过公式（5）得到。简而言之，我们可以把 v 指定为两个坐标系的相对速度。

此外，相对性原理告诉我们，一根相对于 K' 静止，从 K' 上测量的量杆的长度一定与一根相对于 K 静止，并从 K 上测量的量杆的长度相等。为了了解从 K 来观察时 x' 轴线上的点是什么样的，我们只需要从 K 照一个 K' 的“快照”；这意味着我们需要引入一个特定的 t 的值（K 的时间），例如 $t=0$。至于这个 t 值，我们可以从公式（5）的第一个公式获得

$$x' = ax$$

两个在 x' 轴线上分开的点，当在 K' 坐标系上测量时两点之间的距离为 $\Delta x' = 1$，因此两点在我们即时摄影中的距离为

$$\Delta x = \frac{1}{a} \tag{7}$$

但是如果快照是从 K'（$t'=0$）照的，并且如果我们消除公式（5）里的 t，然后代入表达式（6）中计算，我们得到

$$x' = a\left(1 - \frac{v^2}{c^2}\right)x$$

从中我们可以概括出两个在 x 轴线间隔距离为 1（相对于 K）的点在我们的快照中表示距离为

$$\Delta x' = a\left(1 - \frac{v^2}{c^2}\right) \tag{7a}$$

但是，从上述所讨论的可知，这两个快照一定是完全相同的；所以（7）式中的 Δx 一定等于（7a）式中的 $\Delta x'$，所以我们得出

$$a^2 = \frac{1}{1 - \frac{v^2}{c^2}} \tag{7b}$$

公式（6）和（7b）决定了常数 a 和 b。把这些常数的值代入（5）式，我们得出第一部分第十一节中给出的第一个和第四个公式。

$$\left.\begin{aligned} x' &= \frac{x - vt}{\sqrt{1 - \frac{v^2}{c^2}}} \\ t' &= \frac{t - \frac{v}{c^2}x}{\sqrt{1 - \frac{v^2}{c^2}}} \end{aligned}\right\} \quad (8)$$

于是我们就得出了事件在 x 轴上的洛伦兹变换。它满足条件：

$$x'^2 - c^2t'^2 = x^2 - c^2t^2 \quad (8a)$$

将这个结论加以扩展，要使其包含不在 x 轴上的事件，就要保留公式（8）并且补充相关关系式：

$$\left.\begin{aligned} y' &= y \\ z' &= z \end{aligned}\right\} \quad (9)$$

以此方式我们就能满足对于任意方向的光线，光在真空中匀速传播的假设，无论是对于 K 参考系还是 K' 参考系。这一点我会在下面仔细说明。

我们假设一个光信号在时间 $t=0$ 时从 K 的原点发出。它将会根据下列公式传播：

$$r = \sqrt{x^2 + y^2 + z^2} = ct$$

或者，如果将这个公式平方，就有：

$$x^2+y^2+z^2-c^2t^2=0 \tag{10}$$

这是被光的传播定律所要求的，结合相对论的假设，从 K' 的角度来看，问题中信号的传播应该与以下公式一致：

$$r'=ct'$$

或者

$$x'^2+y'^2+z'^2-c^2t'^2=0 \tag{10a}$$

为了使公式 (10a) 成为公式（10）的结论，我们必须让

$$x'^2+y'^2+z'^2-c^2t'^2=\sigma(x^2+y^2+z^2-c^2t^2) \tag{11}$$

因为公式（8a）必须适用于 x 轴线上的点，因此我们有 $\sigma=1$。很容易看出，当 $\sigma=1$ 时，洛伦兹变换满足公式（11）；因为（11）式由（8a）和（9）式所得，所以同样也可由（8）和（9）式变换而得。我们于是推导出了洛伦兹变换。

通过（8）和（9）式变换出的洛伦兹变换还需要进一步普遍化概括。显然，我们所选择的 K' 的轴线是否在空间上与 K 的轴线平行，并不重要。

K' 相对于 K 的传播速度是否沿 x 轴方向也不是最重要的。通过简单的思考就可以得知，我们可以从两种变换来构造普遍意义的洛伦兹变换，这两种变换就是特殊意义下的洛伦兹变换和纯粹的空间变换，这也符合用一个轴线指向其他方向的新坐标系来代替原来的直角坐标系。

从数学的角度上看，我们可以这样表述概括了的洛伦兹变换：

它依照 x，y，z，t 的线性齐次函数来表示 x'，y'，z'，t'，组成这样一个完全满足条件的关系式：

$$x'^2 + y'^2 + z'^2 - c^2t'^2 = x^2 + y^2 + z^2 - c^2t^2 \quad (11a)$$

这也就是说：如果我们用 x，y，z，t 替换表达式中的 x'，y'，z'，t'，那么（11a）式的左边就与右边相等。

附录二　闵可夫斯基的四维空间（“世界”）

（第一部分第十七节的补充）

如果我们用虚数 $\sqrt{-1}\cdot ct$ 代替时间值 t，我们就可以以更加简便的方式来表述洛伦兹变换。与之相对应，如果我们引入

$$x_1 = x$$
$$x_2 = y$$
$$x_3 = z$$
$$x_4 = \sqrt{-1}\cdot ct$$

同样地，为了强调参考系 K'，那么完全符合变换式的等式就可以这样表达：

$$x_1'^2 + x_2'^2 + x_3'^2 + x_4'^2 = x_1^2 + x_2^2 + x_3^2 + x_4^2 \qquad (12)$$

换言之，通过上述选择的坐标，（11a）式可以转换成以上公式。

从（12）式中我们可以看到，可以用和空间坐标 x_1，x_2，x_3 一模一样

的方式将虚数的时间坐标x_4代入变换条件。这是因为，根据相对性原理，“时间”x_4进入自然定律的形式与空间坐标x_1，x_2，x_3相一致。

一个用坐标x_1，x_2，x_3，x_4描述的四维连续区被闵可夫斯基称为“世界”，他也把点事件叫作“世界点”。物理从三维空间的一个“正在发生”变成了，可以说是，四维“世界”的一个“存在”。

这个四维“世界”和（欧几里得）解析几何中的三维“空间”有很高的接近性。如果我们能将一个具有相同原点的新的笛卡尔坐标系（x_1'，x_2'，x_3'）引入后者，那么x_1'，x_2'，x_3'就是x_1，x_2，x_3的线性齐次函数，它完全满足公式

$$x_1'^2 + x_2'^2 + x_3'^2 = x_1^2 + x_2^2 + x_3^2$$

这个方程与（12）式完全类似。我们可以把闵可夫斯基的“世界”正式看作一个四维欧几里得空间（具有虚数时间坐标）；洛伦兹变换相当于一个四维“世界”中坐标系的“旋转”。

附录三　广义相对论的实验证实

从一个系统而理论化的角度出发，我们假设经验科学的发展过程是一个持续的归纳过程。理论的演化和表述，简言之，就是以经验法则的形式展现出来的数以千计的单一观察的总结陈述，我们可以通过对比来明确普遍定律。可以这么想，科学的发展与目录的分类及汇编有很高的相似性。它可以说是一个纯粹的经验事业。

但是这个观点并不符合整个真实的过程，因为其忽视了直觉判断和演绎思维在绝对科学的发展中起到的重要作用。一旦某种科学从初始阶段脱离出来之后，理论进程就不仅仅是一个按部就班的过程。在经验数据的引导下，研究者更愿意建立一个由少数基础假设组成的合乎逻辑的思想系统，也就是所谓的公理。我们把这样的思想系统称为理论。该理论存在的正当性就在于它与大量的简单观察相关联，这就是理论的“真理”。

对应于同样复杂的一组经验数据，可能存在许多理论，这些理论之间在很大程度上互不相同。但是至于那些能够被验证的理论推论，他们之间的一致性却很高，也就是说很难发现两个不同的原理的推论是互相矛盾的。

比如说，有一个生物学领域普遍感兴趣的例子：一个是达尔文的物种进化理论，其核心是基于物竞天择，适者生存；而另一种物种发展理论基于后天获得的性状可以遗传的假设。

另外一个体现推论间广泛的一致性的例子是牛顿力学的原理和广义相对论。两个理论的一致性持续时间之长，直至目前我们还能够从广义相对论中发现一些能够加以研究的推论，相对论出现前的物理学是无法解决这些问题的，尽管两个原理在基础假设上存在着深刻的差异。接下来，我们还要认真考虑这些重要的推论，我们也需要讨论迄今为止与之相关的经验证据。

1. 水星近日点的运动

根据牛顿力学和牛顿万有引力定律，一个围绕着太阳公转的星球绕太阳做椭圆形运动，或者更准确地说，是绕着太阳和该星球的共有引力中心运动。在这样的体系下，太阳，或者说共有引力中心，位于椭圆轨道的其中一个焦点上，这样的话，在一个行星年中，行星和太阳之间的距离会经历从最近到最远，再从最远渐渐变回最近。如果我们引入一个其他的吸引力的定律而不是牛顿定律来计算，根据这个新的定律我们可以得出，运动过程中，行星与太阳之间的距离呈现周期性变化。但是这样的话，该期间（从近日点，就是最接近太阳的点，到近日点）的行星与太阳之间的连线所扫过的角会不等于360度。公转轨迹不会成为一段封闭曲线，但随着时间推移，公转轨迹会在轨道平面扫出一个环形区域，也就是太阳到行星的最短距离和最长距离为半径的两个圆形区域之间的部分。

广义相对论不同于牛顿定律，根据广义相对论，一个行星在做牛顿-开普勒运动时，在轨道中会产生一个微小的变化，从一个近日点到下一个近日点期间，行星和太阳的连线扫过的角度大于公转整一周的角度，这个差值就是：

$$+\frac{24\pi^3 a^2}{T^2 c^2\left(1-e^2\right)}$$

（注意——按照物理学的习惯，公转整一周对应于弧度角 2π，从一个近日点到下一个近日点期间，太阳和行星连线扫过的角大于角度 2π，上述表达式给出的就是这个差值）式中，a 为椭圆形半长轴；e 为它的离心率；c 为光速；T 为行星的公转周期。我们的结论也可以用以下方式概括：根据广义相对论，椭圆的长轴绕太阳旋转的方向与行星的轨道运动方向一致。按照理论要求，对于水星而言，这个转动应达到每世纪 43 角秒，但是对于我们太阳系中的其他星球，旋转的量级应该非常小甚至于无法被测量。[①]

事实上，天文学家发现，牛顿理论对可观测到的水星轨迹的测量的精确度不能满足现今可达到的观测水平的要求。后来考虑到其余所有对水星可能产生干扰的星球，可以发现（勒维烈，1859 年；纽科姆，1895 年）一个遗留问题：无法解释的水星轨迹近日点运动，它的数值与之前提到的每世纪 +43 角秒相差不大。这个经验结论的误差范围只是几秒而已。

① 特别是自从我们发现金星的公转轨道接近正圆形，这就更加难以确定近日点的具体位置。

2. 引力场的光线偏转

在第二部分第五节中我们已经提到过，根据广义相对论，当一束光穿过一个引力场时，它的轨道将会在它原有轨道的基础上弯曲，这个曲线与一个物体穿过引力场的轨道相似。因此，我们可以推测当一束光线靠近某一天体时，光线将会向该天体偏转。当一束光线在距太阳中心 $\varDelta$ 个太阳半径的位置经过太阳时，偏离角度（α）应为

$$\alpha = \frac{1.7\text{ 角秒}}{\varDelta}$$

根据相对论我们还能得知，轨道弯曲一半是因为太阳的牛顿吸引力场，而另一半则是由太阳引起的空间几何变化（弯曲）导致的。

这个结果可以在日全食期间对恒星拍照用实验结果来检验。我们之所以要在日全食期间做这个实验，是因为在其他任何时候，大气层都会被太阳光线强烈照射，导致靠近太阳的星体不能被观测到。推断结果如图 5 所示。如果太阳（S）不存在，从地球上观察，我们可以从 D_1 方向上看到这颗恒星，这颗恒星实际上可认为位于无限远。但是由于从星体发出的光线受太阳影响发生弯曲，这个星体将会在 D_2 方向被观测到，即这颗恒星的视位置比它的真位置离太阳中心更远一些。

在实验中，这个问题通过以下的方式得到了验证。在日全食期间，对位于太阳和地球的连线附近的恒星拍照。然后，当太阳处于天空中的另一个位置时（也就是距离第一组照片拍摄时间的几个月前后）我们再用第二组照片记录下相同的星体的位置。与标准组照片相对照，在日全

食期间的照片里，星体的位置大多都以角度 α 沿径向外移（远离太阳中心）。

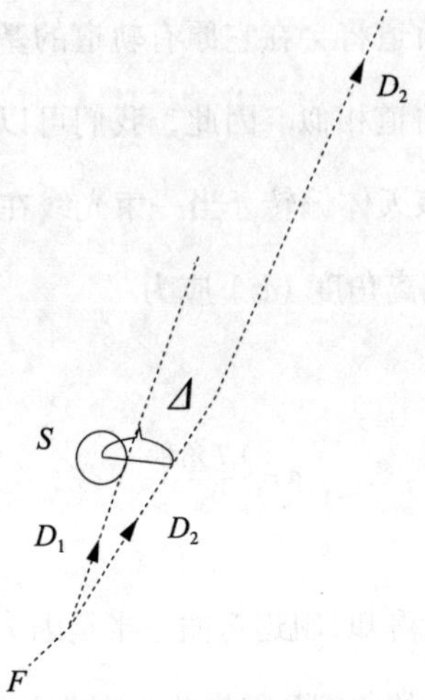

图 5

感谢英国皇家学会以及英国皇家天文学会的支持，让我们有机会研究调查这项重要的推论。不畏战争，不惧由战争引起的不可避免的物质与精神上的困难，两个学会派遣了两支探险队和几位英国最负盛名的天文学家（爱丁顿，科廷厄姆，克罗姆林和戴维森）到索布拉尔（巴西）和普林西比岛（西非岛国圣多美和普林西比的一个组成部分），目的就是获得 1919 年 5 月 29 日拍摄的日全食照片。据推测，日全食期间拍摄的星体照片与对照照片之间的误差只有几百分之一毫米。因此，照片拍摄前的调试过程以及之后的测量都具有很高的精准度。

测量结果非常充分地证明了之前的理论。观测值与计算值（以角秒为单位）的对照数据如下表所示。

星体编号	第一坐标		第二坐标	
	观测值	计算值	观测值	计算值
11	−0.19	−0.22	+0.16	+0.02
5	+0.29	+0.31	−0.46	−0.43
4	+0.11	+0.10	+0.83	+0.74
3	+0.20	+0.12	+1.00	+0.87
6	+0.10	+0.04	+0.57	+0.40
10	−0.08	+0.09	+0.35	+0.32
2	+0.95	+0.85	−0.27	−0.09

3. 光谱线红移

在第二部分第六节中我们已经说过，在相对于伽利略参照系 K 旋转的系统 K' 中，相对于旋转参照系处于静止状态的两个结构完全相同的时钟走的速度根据时钟所处位置变化而改变。现在我们要定量检测其变化量。一个位于与圆盘中心距离 r 的时钟，它相对于 K 的速度是

$$v = \omega r$$

式中，ω 为旋转圆盘 K' 相对于 K 的角速度。如果 v_0 指当时钟相对于 K 保持静止时，单位时间内时钟相对于 K 的走针数（时钟的“速度”），那么这个钟相对于 K 以“速度” v 运动、相对于圆盘保持静止时，按照第一部分第十二节，我们可以得到这个钟的“速度”（v）

$$v = v_0\sqrt{1-\frac{v^2}{c^2}}$$

或者用一个更精确的公式表达：

$$v = v_0\left(1-\frac{1}{2}\frac{v^2}{c^2}\right)$$

这个公式也可以用另一种形式表达：

$$v = v_0\left(1-\frac{1}{c^2}\frac{\omega^2 r^2}{2}\right)$$

如果我们用 ϕ 表示时钟位置与圆盘中心之间离心力的势能差，也就是转动的圆盘上钟所在位置的单位质量移到圆盘中心，这个单位质量为克服离心力所做的功（取负值），由此我们得到：

$$\phi = -\frac{\omega^2 r^2}{2}$$

把该等式代入之前的公式就有

$$v = v_0\left(1+\frac{\phi}{c^2}\right)$$

首先我们可以看到，当两个时钟被放置在离圆盘中心不同的距离处时，两个结构完全相同的时钟走的速度却不同。从位于旋转圆盘上的观察者的立场来看，这个结论也同样成立。

现在，从圆盘上判断，圆盘处于一个引力场中，引力场的势为 ϕ，因此，我们观察所得到的结果也应该符合关于引力场的普遍理论。还有，我们可以把正在发射光谱线的原子看作一个时钟，那么下面的说法也能够成立：

一个原子吸收或放出光线的频率取决于它所处引力场的势。

一个位于天体表面上的原子的频率会比处于自由空间（或者是在较小天体表面）的相同元素的原子的频率要小。现在已知 $\phi=-K\frac{M}{r}$，其中 K 是牛顿万有引力常数，M 是天体的质量。因此，恒星表面上产生的光谱线与地球表面上同一元素所产生的光谱线相比，应发生光谱红移，红移的量就是

$$\frac{\nu_0-\nu}{\nu_0}=\frac{K}{c^2}\frac{M}{r}$$

对于太阳而言，理论上预测红移的量大约只有原波长的百万分之二。而如果是要计算其他恒星的光谱红移的话，我们不可能得到一个可靠的答案。因为一般来说，星体的质量 M 和半径 r 都是未知的。

这种效应是否存在，仍然值得讨论，现在（1920 年），天文学家们仍以极大的热情去寻找这个问题的答案。因为对于太阳来说，这种效应实在太小了，因此我们很难确定它是否真的存在。格雷勃和巴赫姆（波恩）根据自己的测量数据和埃弗谢德、史瓦西对氰带的观测已经证明，这种效应的存在毋庸置疑。然而，其他的研究者，尤其是圣约翰的研究数据却得出了完全相反的结论。

对恒星的统计研究显示，光谱线朝向折射较小的一端的位移肯定是

存在的，但目前为止我们所得到的实验数据还无法得到最终的答案，因为还不能确定这些位移在现实中是否真的受到引力的影响。我们已经将观察的结果都收集到了一起，并且从问题本身出发进行了详细的讨论，相关资料收录在E.弗罗因德利克编写的《检验广义相对论》论文中。(《自然科学》，柏林朱利叶斯·斯普林格出版社，1919年，第520页）

无论如何，在接下来的几年里我们将会得出一个明确的结论。如果引力势使得光谱线红移并不存在,那么广义相对论也就站不住脚了。另一方面，如果一定是引力势导致光谱线红移，那么对光谱线红移的研究将会为我们提供探测天体质量的重要信息。